Reinhard Demps

Eisenbahnreviere Berlin

Reinhard Demps

EISENBAHN-REVIERE
Berlin

trans press

Titelbild:
Am Bahnhof Berlin Zoologischer Garten im Herbst 1994.
Foto: Jörg Ott.

Frontispiz:
Blick auf den Askanischen Platz vor dem Anhalter Bahnhof.
Aufnahme von 1909.

Soweit nichts anderes vermerkt ist, stammen die Bilder vom Verfasser oder aus seiner Sammlung. LB bedeutet Landesbildstelle.

Demps, Reinhard:
Eisenbahnreviere Berlin. – 1. Aufl. –
Berlin: Transpress, 1995. – 160 Seiten.;
182 Abb., davon 23 farbig

ISBN 3-344-71011-7

Borkumstr. 2, 13189 Berlin
Lektor: Dr. Rolf Neustädt
Einbandgestaltung: Jürgen Schumann
Typografie: Regine Buddeke
Satz: Fotosatz Schönthaler, 71638 Ludwigsburg
Druck: Maisch + Queck, Gerlingen
Bindung: K. Dieringer, Gerlingen

Vorwort

Berlin zählt zu den großen Verkehrsknoten in Europa. Hier treffen sich die Wege verschiedener Verkehrsmittel, allen voran die Eisenbahnstrecken. Mehrere Flughäfen verdeutlichen die Rolle im nationalen und internationalen Luftverkehr. Die Hafenanlagen machen Berlin zu einem der großen Binnenhäfen Deutschlands. Das Netz der Bundesautobahnen und Bundesstraßen konzentriert sich in und um Berlin.

Der Schienenverkehr besteht nicht nur aus den Strecken des Eisenbahnfernverkehrs, sondern auch aus den Strecken des Regional- und Nahverkehrs der Deutschen Bahn AG (R- und S-Bahn) sowie der Berliner Untergrundbahn (U-Bahn) und der Straßenbahn der Berliner Verkehrsbetriebe (BVG). Berlin und das angrenzende Umland besitzen ein ausgedehntes S-Bahnnetz, das gegenwärtig noch einige Lücken zwischen dem ehemaligen Berlin (West) und den angrenzenden Kreisen des Landes Brandenburg aufweist. Diese Bauvorhaben und die Verwirklichung des sogenannten Pilzkonzeptes der Eisenbahn für den Fern- und Regionalverkehr machen den Eisenbahnknoten Berlin zu einer riesigen Baustelle. Das Baugeschehen an den vielen Baustellen innerhalb und außerhalb der Stadt verdeutlicht ein atemberaubendes Tempo. Es werden mehr als 10 Milliarden DM in den Verkehrswegebau der Region investiert. Man kann den Umfang der Arbeiten und die gefundenen technischen Lösungen mit den Leistungen bei der Errichtung der Strecken im 19. Jahrhunderts vergleichen. Seinerzeit wurde der Grundstein für die heutigen Netze gelegt. Damals wie heute konnte und kann nur durch technische und organisatorische Meisterleistungen der Umfang der Arbeiten bewältigt werden. In einem Zeitraum von 1830 (die ersten Vorschläge für den Bau von Eisenbahnstrecken wurden unterbreitet) bis zum Ausgang des 19. Jahrhunderts entstand im wesentlichen das Eisenbahnnetz, das in seinen Grundstrukturen, mit Ergänzung durch einen Nord-Süd-Fern- und Regionalbahntunnel, auch zukünftig seine Funktionstüchtigkeit unter Beweis stellen wird.

Hochbauten sowie nicht mehr genutzte Bahndämme gestatten dem Interessierten heute noch eine umfangreiche Spurensuche. Denkmalpflege, Museen und private Sammlungen sowie eine umfangreiche Literatur zur Berliner Verkehrsgeschichte ermöglichen eine Beschäftigung mit der Geschichte des Berliner Verkehrswesens. Die nachstehenden Ausführungen wollen Gegenwart und Geschichte des Schienenverkehrs in und um Berlin skizzieren und damit zum Weiterbeschäftigen anregen. Das Eisenbahnrevier Berlin ist eine Reise wert.

Reinhard Demps

Inhalt

1 Ein Blick in die Geschichte der Stadt Berlin

Berlin ist die Hauptstadt der Bundesrepublik Deutschland. Mit einer Fläche von 808 km^2 und einer Einwohnerzahl von 3,4 Millionen ist Berlin die größte deutsche Stadt. Sie ist zugleich Bundesland und vollständig durch das Bundesland Brandenburg umschlossen.

Als Gründungsjahr für die Stadt Berlin gilt das Jahr 1237. In diesem Jahr wurde die Schwesterstadt Cölln erstmals urkundlich erwähnt. Wie Grabungen in der Nikolaikirche ergaben, ist die Stadt jedoch etwa 50 Jahre älter. Gegründet wurde sie als eine Relaisstation deutscher Kaufleute für den Fernhandel zwischen Ostseeküste und süddeutschem Raum. Die topographischen Verhältnisse im Berliner Urstromtal haben die Lage der Furt wesentlich beeinflußt. Zwischen den Höhenzügen des Barnim im Norden und dem Teltow im Süden wurde notwendigerweise die engste Stelle zwischen beiden gewählt, um auf dem kürzesten Wege die Sumpfniederungen des Spreetales zu überwinden. Diese Stelle fand sich am heutigen Mühlendamm. Hier wurde die Spree mit einem Knüppeldamm gequert.

Wegen der Bedeutung der Handelswege war Berlin im ausgehenden Mittelalter Hansestadt und Führerin im Märkischen Städtebund. Mit dem Aussterben der Askanier in der Mark Brandenburg wurde 1415 das Haus Hohenzollern mit der Kurmark belehnt.

Am Ende des Dreißigjährigen Krieges 1648 hatte Berlin nur noch 6000 Einwohner. Mit der Krönung des Kurfürsten Friedrich III. (1657 bis 1713) im Jahre 1701 zum König Friedrich I. in Preußen wurde Berlin zur Haupt- und Residenzstadt der Königreiches Preußen. Unter seinem Sohn Friedrich Wilhelm I. wurde Berlin Garnisonsstadt. Die nachfolgenden Könige bevorzugten Potsdam und seine Umgebung als Residenz.

Berlin begann seine Entwicklung zur Verwaltungs- und Beamtenstadt. Mit dem Aufkommen der Dampfmaschine und ihrem Einzug in die fabrikmäßige Produktion wurde Berlin die erste und größte Industriestadt Deutschlands. Der Bau von Chausseen zu Beginn des 19. Jahrhunderts, der Ausbau der Wasserwege und der Eisenbahn stärkten die Bedeutung inmitten der märkischen „Streusandbuchse". Im Jahre 1871 wurde Berlin Reichshauptstadt. Hauptsächlich waren es der Maschinenbau und die Elektroindustrie, die den Charakter der Stadt fortan prägten. Hinzu kamen die Konfektionsindustrie, die Konzentration von Wirtschaftsverbänden und Lehranstalten. Berlin war das Zentrum des Reiches.

Im letzten Jahr vor dem ersten Weltkrieg hatte Berlin vor allem durch Wanderungsgewinn und Eingemeindungen eine Einwohnerzahl von 2,2 Millionen erreicht.

Die Ferneisenbahn, die Stadt-, Ring- und Vorortbahnen, die Hoch- und Untergrundbahnen, die elektrischen Straßenbahnen und das neue Verkehrsmittel Flugzeug faßten in Berlin Fuß. Nach der Zahl der Beförderungsfälle erreichten sie 1913 ihre höchsten Werte.

Nach dem Ende des ersten Weltkriegs und der Novemberrevolution wurden im Jahre 1920 sieben Städte, 59 Landgemeinden und 27 Gutsbezirke mit Berlin zur Einheitsgemeinde Groß-Berlin vereinigt.

Berlin wurde zum Ausgang der 20er Jahre zu einem Brennpunkt deutscher Politik. In den Jahren der nationalsozialistischen Herrschaft wurde der Versuch unternommen, eine neue Stadt Germania zu bauen. Zahlreiche Wohnquartiere fielen diesen Plänen zum Opfer. Auch der Verkehr sollte neu geordnet werden. Viele Bauten wurden begonnen und blieben wegen des zweiten Weltkrieges unvollendet. Luftangriffe und die Kämpfe des Jahres 1945 zerstörten die Stadt. Sie war damals die größte Ruinenlandschaft der Welt.

In mehrjähriger Aufbauarbeit wurden die Ruinen beseitigt und Neues geschaffen. Durch Beschluß der Siegermächte wurde die Stadt in vier Sektoren eingeteilt und einheitlich verwaltet. Die Harmonie der Sieger währte aber nicht lange. Durch Währungsreform und Blockade verhärteten sich die Fronten, und es entstanden 1948 zwei getrennte Stadtverwaltungen. Das betraf auch die Verkehrsverwaltungen, die BVG (Ost) und die BVG (West). Nur die in Berlin (West) betriebenen Eisenbahnstrecken verblieben weiterhin unter einheitlicher Verwaltung der Deutschen Reichsbahn, die Anfang der 50er Jahre aus ihrem Direktionsgebäude am Schöneberger Ufer nach Berlin (Ost) in die Wilhelm-Pieck-Straße (heute Torstraße) umzog.

Die Einwohner von Berlin (West) durften ab 1950 nicht mehr in das Berliner Umland fahren. 1953 wurden die letzten durchgehenden Straßenbahnlinien unterbrochen. Nur noch S-Bahn und U-Bahn verbanden beide Stadthälften.

Das war dann mit dem Bau der Mauer im Jahre 1961 auch zu Ende. Die Eisenbahnstrecken wurden gekappt. Aus Berlin (West) führte zunächst nur noch eine Eisenbahnstrecke über die Stadtbahn und den Kontrollbahnhof Griebnitzsee als Transit nach Westdeutschland. Auf zwei Autobahnen und einer Fernverkehrsstraße (F 5) konnte man mit dem Auto nach Süddeutschland, Westdeutschland und nach Norddeutschland fahren.

Diese Verkehrsverbindungen blieben ein Stiefkind, bis im Jahre 1971 eine Vereinbarung zwischen den ehemaligen Siegermächten Erleichterungen schufen. Vor allem der Straßenverkehr profitierte davon. Autobahnteilabschnitte wurden ausgebaut, die Autobahn Berlin–Helmstedt erneuert und die Autobahn nach Hamburg gebaut. Für den Schienenverkehr finanzierte die Deutsche Bundesbahn z. B. den zweigleisigen Ausbau zwischen Griebnitzsee und Werder an der Havel. Der Bau einer ICE-Schnellverbindung zwischen Berlin (West) und Hannover über Stendal wurde vereinbart.

Mit dem Fall der Mauer im Herbst 1989 wurden die Planungen sehr schnell wieder aufgenommen, und in den Verkehrsprojekten Deutsche Einheit werden die lange vernachlässigten Verkehrsverbindungen auf einem hohen Niveau instand gesetzt bzw. als Neubau begonnen.

Lückenschlüsse im Schienennahverkehr sind zu einem großen Teil realisiert (S 3 Wannsee–Potsdam, S 2 Lichtenrade–Blankenfelde, S 1 zwischen Frohnau und Hohen Neuendorf; S 4 von Westend nach Baumschulenweg; U 2 zwischen Gleisdreieck und Potsdamer Platz). Im Fernverkehr laufen die Arbeiten. Im Sommer des Jahres 1994 wurde der Grundstein für die Wiederherrichtung der direkten Schienenverkehrsverbindung zwischen dem Berliner Bezirk Spandau und Falkensee im Land Brandenburg auf der Berlin-Hamburger Eisenbahn gelegt. Seit dem Fahrplanwechsel im Mai 1995 verkehren auf dem zunächst eingleisigen Streckenabschnitt wieder Züge.

Durch Beschluß des Bundestages von 1991 ist Berlin Bundeshauptstadt und Regierungssitz geworden. Eine bestimmte Anzahl von Ministerien und das Kanzleramt kommen nach Berlin. Der Bundespräsident ist bereits in Berlin. Die zu errichtenden Neubauten sind räumlich mit den Anlagen um den Lehrter Bahnhof und damit mit der Verwirklichung des sogenannten Pilzkonzeptes verbunden. Im Sommer des Jahres 1994 sind die entsprechenden Planunterlagen öffentlich ausgelegt worden. Bis zur Jahrtausendwende soll wesentliches davon fertiggestellt sein.

2 Die Reise nach Berlin mit der Eisenbahn

Die großen Fernbahnen Berlins

Eine Fahrt mit einem Fernreisezug in das Stadtgebiet von Berlin ist gegenwärtig nur über wenige Eisenbahnstrecken möglich. So gibt es zur Zeit keine direkten Gleisverbindungen auf den früheren Strecken nach Dresden und nach Leipzig, die bis Anfang der 50er Jahre noch bis zum Anhalter Bahnhof bestanden. Die Hamburger Züge können nur über einen kleinen Umweg von Nauen über Wustermark und Spandau die Berliner Stadtbahn erreichen. Die Züge von und nach Rostock und Stralsund gelangen zu ihrem Berliner Bahnhof Berlin-Lichtenberg über den Außenring. Der Stettiner Bahnhof wie auch andere Kopfbahnhöfe existiert nicht mehr. Das gilt auch für den Görlitzer und den Potsdamer Bahnhof. Die Folgen der Teilung können nur allmählich überwunden werden. Daher befindet sich das System des Fernzugverkehrs in der allmählichen Umstrukturierung. Die prinzipielle Führung der Fernverkehrszüge ist im wesentlichen noch bestimmt durch die Bedingungen der geteilten Stadt und der unterbrochenen Schienenwege aus dem Umland nach Berlin. Gleiches gilt für die Fernbahn-Elektrifizierung.

Züge in Ost-West-Richtung einschließlich Richtung Hamburg verkehren über die Stadtbahn, Züge in Richtung Dresden und Leipzig von Lichtenberg oder Hauptbahnhof, Züge nach Rostock, Stralsund und Stettin von Lichtenberg. Die Sanierung der Berliner Stadtbahn zwischen Hauptbahnhof und Zoologischer Garten wird in den nächsten Jahren Veränderungen im Zugverkehr nach sich ziehen.

Ehemalige Berliner Fernbahnhöfe (um 1939)

Bahnhof	Richtung
Fernverkehr	
Stettiner Bahnhof	Ostseeküste von Rostock bis Danzig, Pommern
Stadtbahn mit Schlesischer Bahnhof, Alexanderplatz, Friedrichstraße, Zoologischer Bahnhof und Charlottenburg	nach Osten: Richtung Ost- und Westpreußen, baltische Staaten, Polen und Sowjetunion, Schlesien und Balkan über Oderberg nach Westen: Dessau, Sachsen-Anhalt
Görlitzer Bahnhof	Ostbrandenburg und Niederschlesien
Anhalter Bahnhof	Sachsen, Dresden/Leipzig, Bayern, Hessen und Südwestdeutschland
Potsdamer Bahnhof	Magdeburg, Westdeutschland
Lehrter Bahnhof	Hannover, Ruhrgebiet, Hamburg und Bremen, Lübeck, Schwerin

Regionalverkehr (zusätzlich zu den Fernbahnhöfen)	
Stettiner Bahnhof	Kremmen, Neuruppin
Wilhelmsruh	Basdorf – Liebenwalde/Groß Schönebuk
Wriezener Bahnsteig bzw. Berlin-Lichtenberg	Wriezen und Königsberg (Neumark)
Hermannstraße	Mittenwalde
Spandau West	Bötzow

Die erste Berliner Eisenbahn war die 1838 eröffnete Strecke von Berlin nach Potsdam. Sie war die Keimzelle des preußischen Eisenbahnnetzes. Ihre Vorgeschichte zeugt von der Tatkraft und der Weitsicht ihrer Initiatoren, die in der deutschen Eisenbahngeschichte weniger bekannt sind, wie so manche ihrer Zeitgenossen in anderen Gegenden Deutschlands.

Zufall überlassen. Es wurden Begriffsbestimmungen mit Abkürzungen erlassen, die im Dienstgebrauch zu verwenden waren. Für Nichtberliner gewiß eine nicht ganz einfache Angelegenheit, als Beispiele seien hier angeführt: Alte und Neue Wannseebahn, Stadtbahn, Militäreisenbahn, VnK-Strecke, Berliner Außenring, Güteraußenring. Auch die U-Bahn kennt solche Begriffsfestlegungen, z. B: Flachbahn, Hoch- und Untergrundbahn, Nord-Süd-Bahn, Gleisdreieck.

Entlang den Radialstrecken entwickelte sich ein Stadt- und Vorortverkehr, der durch den Bau gesonderter Nahverkehrsgleise unabhängig vom Fernverkehr geführt wurde. Die KPEV entwickelte im Laufe mehrerer Jahrzehnte die Berliner Stadt-, Ring- und Vorortbahnen zu einem beispielgebenden Netz von Stadtschnellbahnen. Zwischen 1924 und 1933 ließ die Deutsche Reichsbahn-Gesellschaft (DRG) die gesonderten Nahverkehrsgleispaare mit Gleichstrom und dritter Stromschiene elektrifizieren. Im Dezember 1930 erhielt dieses System den Namen S-Bahn.

Eröffnung der Berliner Hauptbahnstrecken

Von Berlin nach	Jahr der Eröffnung	Name der Bahn	Verlängerung nach
Potsdam	1838	Potsdamer Eisenbahn	1846 nach Magdeburg
Jüterbog	1841	Anhalter Eisenbahn	
Stettin	1842	Stettiner Eisenbahn	
Frankfurt (Oder)	1842	Frankfurter Eisenbahn später Niederschlesisch-Märkische Eisenbahn	1846 nach Breslau
Hamburg	1846	Hamburger Eisenbahn	
Cottbus	1866	Berlin-Görlitzer Eisenbahn	1867 nach Görlitz
Gusow	1867	Königlich Preußische Ostbahn	
Lehrte	1871	Berlin-Lehrter Eisenbahn	
Neubrandenburg (Nordbahn)	1871	Nordbahn	
Dresden	1875		
Blankenhain	1879	Wetzlarer oder Kanonenbahn	

Die Verbindung dieser einzelnen Bahnen untereinander ermöglichte der Berliner Innenring – 1871 und 1877 eröffnet. Die 1882 in Betrieb genommene Berliner Stadtbahn durchquerte die Stadt in Ost-West-Richtung und verband die Ost- und Weststrecken miteinander. Die von und nach Norden bzw. Süden verlaufenden Strecken hatten eigene Kopfbahnhöfe. In den 90er Jahren wurde eine Reihe von Nebenbahnen gebaut, die die Flächen zwischen den großen Ferneisenbahnen erschlossen.

Die Benennung von Bahnen, der betrieblichen Tätigkeiten und der Einrichtungen aller Art wurde bei der Königlich Preußischen Eisenbahnverwaltung (KPEV) nicht dem

Im zweiten Weltkrieg wurden die Eisenbahnstrecken stark zerstört. Infolge der Teilung der Stadt wurde der Fernverkehr, mit Ausnahme des Interzonenverkehrs zwischen Berlin (West) und Westdeutschland, um Berlin (West) herumgeleitet. Die Fernbahnhöfe in Berlin (West) wurden mit Ausnahme des Fernbahnhofs Zoologischer Garten geschlossen. Für den Fernverkehr wurde der Berliner Außenring (BAR) genutzt. Zum Teil bestanden die Strecken, und da, wo das Gebiet von Berlin (West) von

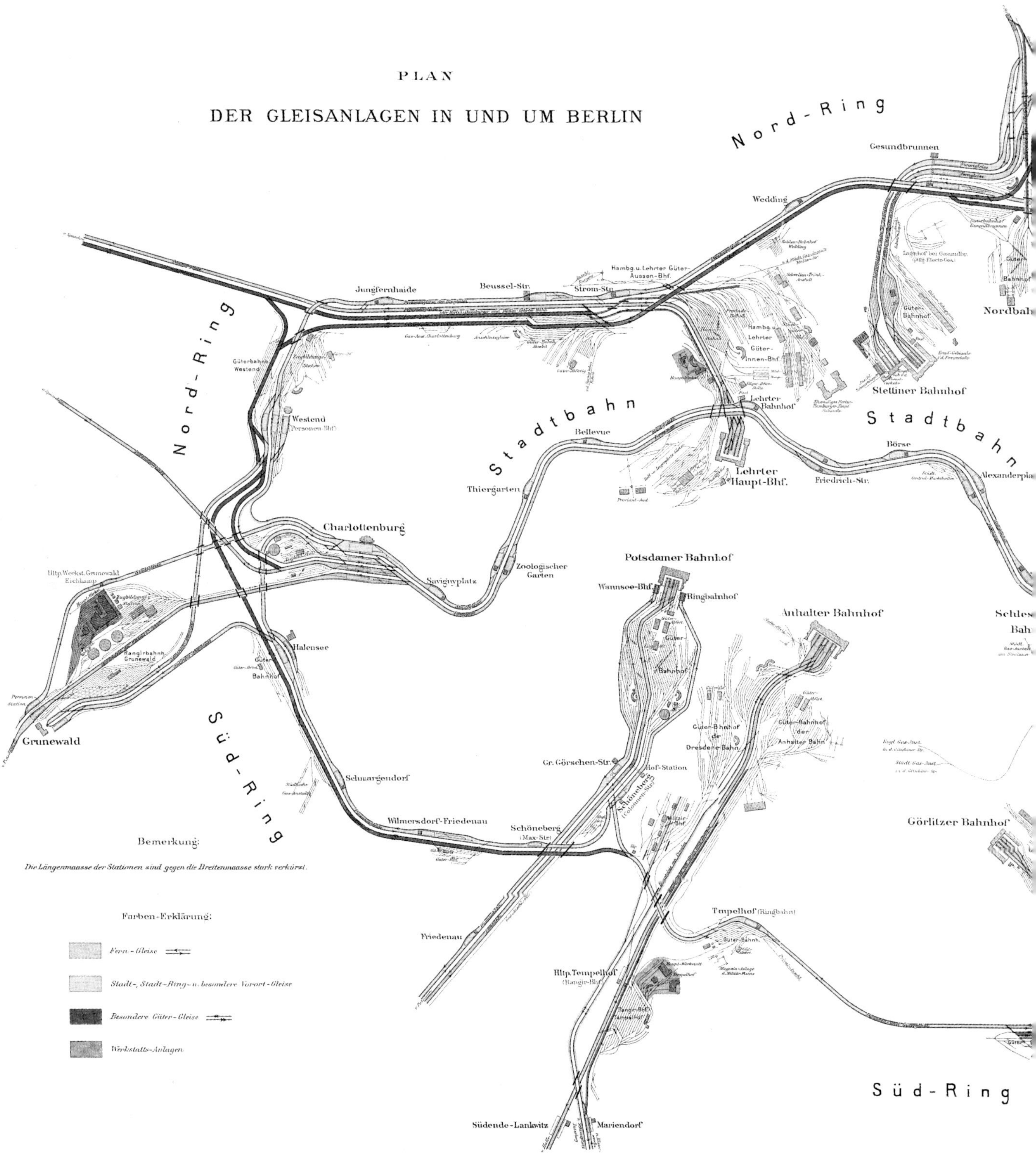
PLAN
DER GLEISANLAGEN IN UND UM BERLIN
Nord-Ring
Nord-Ring
Stadtbahn
Stadtbahn
Süd-Ring
Süd-Ring
Gesundbrunnen
Wedding
Hambg. u. Lehrter Güter-Aussen-Bhf.
Jungfernhaide
Beussel-Str.
Strom-Str.
Nordbah
Güter-Bahnhof
Stettiner Bahnhof
Güterbahnh. Westend
Westend Personen-Bhf.
Hambg. Lehrter Güter-Innen-Bhf.
Lehrter Bahnhof
Bellevue
Börse
Lehrter Haupt-Bhf.
Friedrich-Str.
Alexanderpla
Thiergarten
Charlottenburg
Potsdamer Bahnhof
Zoologischer Garten
Savignyplatz
Wannsee-Bhf.
Ringbahnhof
Anhalter Bahnhof
Schles
Bah
Hltp. Werkst. Grunewald Eichkamp
Rangirbahnh. Grunewald
Halensee
Güter Bahnhof
Güter-Bahnhof
Güter-Bahnhof der Dresdener Bahn
Güter-Bahnhof der Anhalter Bahn
Grunewald
Gr. Görschen-Str.
Hof-Station
Schmargendorf
Schöneberg (Colonnen-Str.)
Görlitzer Bahnhof
Wilmersdorf-Friedenau
Schöneberg (Max-Str.)
Bemerkung:
Die Längenmaasse der Stationen sind gegen die Breitenmaasse stark verkürzt.
Tempelhof (Ringbahn)
Farben-Erklärung:
Friedenau
Fern-Gleise
Stadt-, Stadt-Ring- u. besondere Vorort-Gleise
Besondere Güter-Gleise
Werkstatts-Anlagen
Hltp. Tempelhof (Rangir-Bhf.)
Südende-Lankwitz
Mariendorf

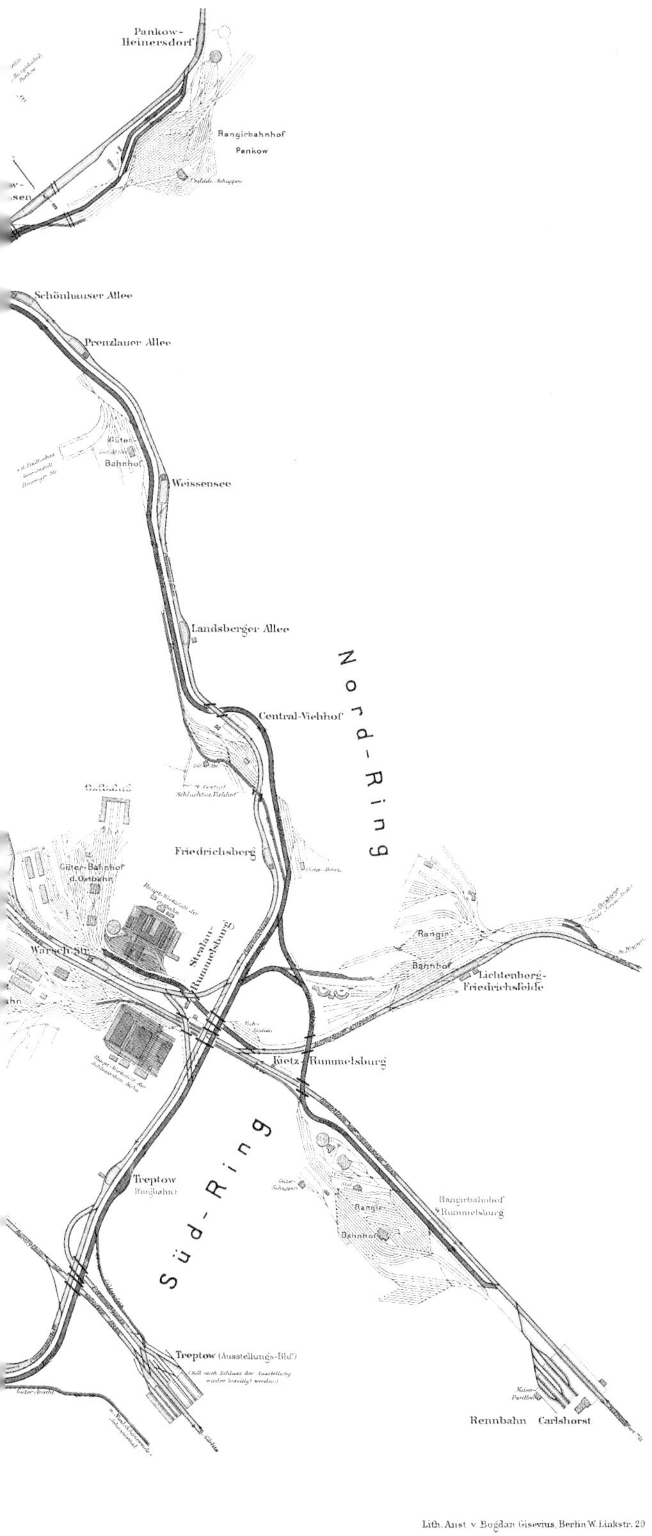

Der Plan der Gleisanlagen in und um Berlin aus der Mitte der 90er Jahre des 19. Jahrhunderts zeigt die Ausdehnung der Gleisanlagen. Im südlichen Teil des Innenrings ist der Abschnitt zwischen Rixdorf (Neukölln) und Schöneberg noch nicht viergleisig ausgebaut.
Berlin und seine Eisenbahnen, 1896

Eröffnung der Berliner Nebenbahnstrecken

Von Berlin nach..	Jahr der Eröffnung	Name der Bahn	Verlängerung nach
Berlin (Militärbahnhof) Zossen–Cummersdorf, Schießplatz	1875	Militäreisenbahn	
Niederschöneweide - Johannisthal–Oberspree–Spindlersfeld	1892		
Schönholz–Velten	1893	Kremmener Bahn	
Strausberg Ostbahn–Strausberg	1893	Strausberger Eisenbahn	
Lichtenberg-Friedrichsfelde–Werneuchen	1898	Wriezener Bahn	
Hoppegarten–Altlandsberg	1898	Alt-Landsberger Kleinbahn	
Rixdorf–Mittenwalde	1900	Neukölln-Mittenwalder Eisenbahn	
Wilhelmsruh–Mühlenbeck–Basdorf Liebenwalde/ Groß Schönebuk	1901	Niederbarminer Eisenbahn	
Wildpark–Nauen über Golm–Bredow	1902	Umgehungsbahn	Teil des GAR/BAR
Tegel–Friedrichsfelde	1907	Industriebahn Tegel–Friedrichsfelde	
Spandau–Bötzow	1909	Spandau-Bötzower Kleinbahn	
Seddin–Michendorf	1918	Güteraußenring (GAR)	
Michendorf–Saarmund	1918	Güteraußenring (GAR)	
Saarmund–Großbeeren	1926	Güteraußenring (GAR)	
Teltow–Biesenhorst Biesenhors–Karower Kreuz	1941 1941	GAR	
Karower Kreuz–Birkenwerder (b Bln)	1951		
Birkenwerder (b Bln)–Falkenhagen–Brieselang Falkenhagen–Wustermark	1953		
Golm–Saarmund	1956		

diesen Strecken berührt wurde, gab es Neubauten, wie z. B. auf dem südlichen Berliner Ring zwischen Genshagener Heide und Schönefeld. Die vorhandenen Strecken beruhten auf Planungen aus der Zeit um die Jahrhundertwende, als auch schon erste Strecken in Betrieb gingen.

Beginnend in den 70er Jahren wurden die meisten Ferneisenbahnstrecken, der Berliner Außenring und der im Ostteil gelegene Abschnitt des Innenringes mit Wechselstrom 16 2/3 Hz und 15 kV elektrifiziert. Eisenbahnnetz und Eisenbahnverkehr im Westteil von Berlin stagnierten. Die Eisenbahnanlagen verfielen allmählich bzw. holte sich die Natur große Flächen wieder zurück. Im Jahre 1984 übernahm der Senat von Berlin den Betrieb der Berliner S-Bahn.

Nach dem Fall der Mauer wurde der gesamte Ferneisenbahnverkehr wiederum neu geordnet. Ausdruck ist hierfür das sog. Pilzkonzept mit seinem Kernstück, einem viergleisigen Tunnel von Nord nach Süd und einem Schnittpunkt am Lehrter Bahnhof mit der Berliner Stadtbahn.

Eröffnung des elektrischen Wechselstrom-Betriebes auf den Eisenbahnstrecken in der Region Berlin

Streckenabschnitt	Aufnahme des elektr. Betriebes	Bemerkungen
Ludwigsfelde–Genshagener Heide	1982	erste Wechselstrom-Elektrifizierung im Berliner Raum
Genshagener Heide–Teltow		
Baruth–Seddin		
Michendorf–Saarmund–Priort		
Priort–Wustermark–Birkenwerder (b Bln)	1983	
Blankenfelde–Genshagener Heide		
Blankenfelde–Flughafen Berlin-Schönefeld–Grünau		
Nauen–Albrechtshof –Golm		
Hennigsdorf (b Bln)–Velten und Abzweig		
Birkenwerder–Oranienburg - Löwenberg		
Flughafen Berlin-Schönefeld–Grünauer Kreuz nach Berlin-Grünau und Berlin-Schöneweide	1984	
Berlin-Schöneweide–Gabelung–Berlin-Lichtenberg und Frankfurter Allee	1984	
Berlin-Lichtenberg–nordöstlicher BAR–Birkenwerder (b Berlin)	1984	
Grünauer Kreuz–Biesdorfer Kreuz	1985	der gesamte BAR ist elektrifiziert
Gabelung–Lichtenberg–Rangierbahnhof Rummelsburg–Abzweig Ostendgestell–Eichgestell	1985	
Karower Kreuz–Güterbahnhof Pankow	1985	
Karlshorst–Güterbahnhof Köpenick		
Verbindungskurve BAR–Güterbahnhof Köpenick		
Biesdorfer Kreuz–Vnk-Strecke–Rummelsburg–Ostbahnhof	1987	
Pankow, Güterbahnhof Bernau (b. Berlin)–Eberswalde	1987	
Grünau–Königs Wusterhausen	1987	

vom Droschkenhalteplatz: / nach der Droschkenanfahrtstelle:

		P.	An	G.	Schl.	St.	L.	Fr.		Wa.	Ri.
P.	Min.	.	5	28	27	21	14	13	.	2	1
	m.	.	800	4480	4320	3360	2250	2080	.	400	160
An.	Min.	6	.	24	28	24	18	15	.	7	5
	m.	950	.	3840	4480	3840	2900	2400	.	1070	800
G.	Min.	28	23	.	13	35	37	28	.	30	28
	m.	4640	3840	.	2240	5600	5920	4460	.	4800	4640
Schl.	Min.	28	27	14	.	27	34	25	.	28	28
	m.	4480	4320	2240	.	4320	5440	3970	.	4640	4480
St.	Min.	21	23	35	27	.	9	9	.	22	22
	m.	3360	3680	5600	4320	.	1440	1440	.	3030	3520
L.	Min.	14	17	37	33	10	.	10	.	15	17
	m.	2250	2700	5920	5440	1600	.	1720	.	2370	2720
Fr.	Min.	13	13	28	25	10	10	.	.	15	13
	m.	2240	2240	4460	3970	1600	1600	.	.	2400	2240
		.	.	.	.	.	.	.	.	.	.
		.	.	.	.	.	.	.	.	.	.
Wa.	Min.	1	6	30	28	22	15	15	.	.	•4
	m.	120	1040	4800	4640	3520	2370	2400	.	.	260
Ri.	Min.	3	3	28	28	22	16	13	.	•4	.
	m.	480	640	4640	4480	3520	2560	2240	.	260	.

Vom Militair-Bahnhof zum Bahnhof Schöneberg ca 800 m.

Eine Kursbuchkarte aus dem Jahre 1901 zeigt Berlin in seinen Grenzen bis 1920 und die Lage der Kopfbahnhöfe. Neben Straßenbahn und Omnibus, zum Teil noch mit Pferdebetrieb, vermitteln Pferdedroschken den Verkehr zwischen den Bahnhöfen.

Im folgenden wird geschildert, wie der Eisenbahnreisenden mit der Fernbahn Berlin in Gegenwart und Vergangenheit erreichen kann bzw. konnte.

Berliner Nordbahn

Von der Ostseeküste kommend, erreicht der Zug über die 1871 in Betrieb genommene Nordbahn am Bahnhof Oranienburg den engeren Berliner Raum. Hier endet die S-

Die Nordbahn und die Stettiner Bahn vereinigten sich nach der Jahrhundertwende in einem Bauwerk in der Nähe des heutigen S-Bahnhofs Bornholmer Straße. Gegenwärtig entsteht hier das Nordkreuz, ein umfangreiches Bauwerk zur Vereinigung der Ringbahn und der Nordstrecken für den S-Bahnverkehr sowie für den übrigen Verkehr (IR, RB und Güterverkehr). Bauzustand Richtung Norden im Winter 1994/1995.

Bahnlinie S 1, die im 20-Minuten-Verkehr die Stadt Berlin in Nord-Süd-Richtung durchquert und im Südwesten von Berlin in Wannsee endet.

Die Fahrt geht weiter in Richtung Süden parallel zur S-Bahnstrecke bis Birkenwerder. Von da kann man entweder auf direktem Weg den Berliner Außenring (BAR) in Richtung Südosten befahren oder in einem großen Bogen über Hohen Neuendorf entlang der Stadtgrenze bei Berg-

Der Bahnhof Gesundbrunnen liegt im Schnittpunkt mit der Ringbahn und war Haltepunkt für einen Großteil der Fernzüge auf Nord- und Stettiner Bahn.
Blick auf die Ostseite der Bahnsteige im Jahre 1935. Links der Ringbahnsteig, in der Mitte der Fernbahnsteig und auf der rechten Seite der Vorortbahnsteig
LB

felde den BAR erreichen. Von dort geht es bis zum Biesdorfer Kreuz auf einem zügig trassierten Streckenabschnitt. Von hier gelangt man zum Bahnhof Berlin-Lichtenberg.

Von Birkenwerder aus fahren auch Züge des Regionalverkehrs in Richtung Nauen und Potsdam mit Wechselstrom. Dazu hat der S-Bahnsteig Stromschiene und Fahrleitung.

Ursprünglich (etwa bis 1950) ging die Fahrt weiter in Richtung Zentrum. Der Endpunkt der Nordbahn war für den Personenverkehr der Stettiner Bahnhof an der Invalidenstraße. Er lag ursprünglich an der Eberswalder Straße bevor der Personenverkehr mit der Stettiner Eisenbahn im Stettiner Bahnhof an der Invalidenstraße vereinigt wurde. Der Güterbahnhof Eberswalder Straße bestand noch bis in die 70er Jahre.

Berlin-Stettiner Eisenbahn

Die zweite große Eisenbahnstrecke, die Berlin mit der Ostsee und den Ostseehäfen verbindet, ist die zwischen Berlin und Stettin 1841 in Betrieb genommene Berlin-Stettiner Eisenbahn. Die von Szczecin kommende Strecke nimmt in Angermünde die Strecke von Rügen und Stralsund auf.

In Bernau (b. Berlin), dem Endpunkt der S-Bahn, wird das engere Berliner Verkehrsgebiet erreicht. Unser Zug verläßt am Karower Kreuz die Fernbahnstrecke und fährt in Richtung Südosten über den BAR und erreicht den Bahnhof Berlin-Lichtenberg.

Gleisplan der Anlagen um den Bahnhof Gesundbrunnen, Mitte der 50er Jahre

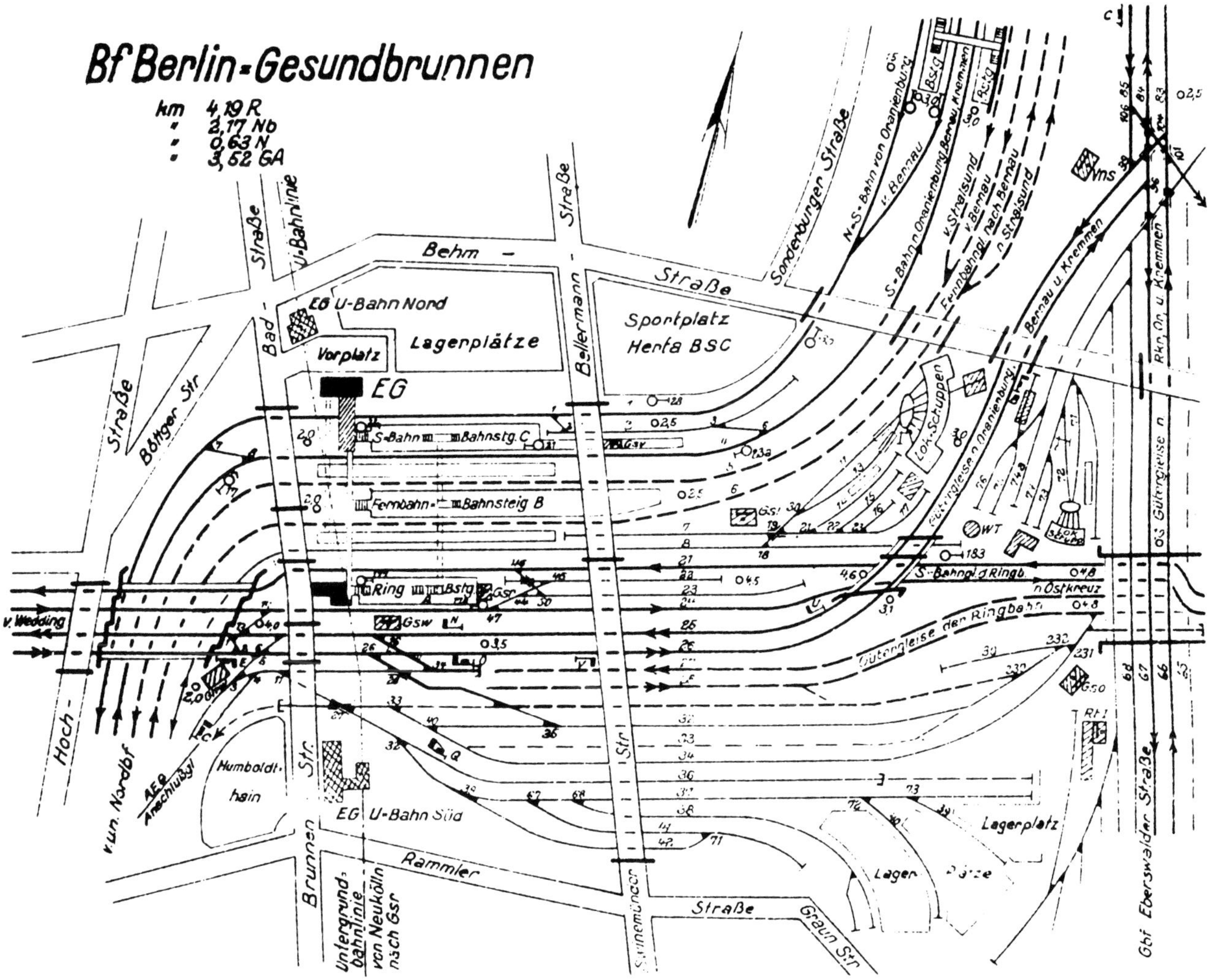

Straßenansicht des Empfangsgebäudes des Bahnhofs Bernau (b. Berlin), 1994

Das Empfangsgebäude der Stettiner Eisenbahn an der Invalidenstraße im Bezirk Mitte. LB

Die ursprüngliche Führung der Züge verlief bis Anfang der 50er Jahre parallel zu den bis 1916 errichteten Vorortgleisen zwischen Berlin und Bernau (b. Berlin) in Richtung Zentrum und vereinigte sich am Überwerfungsbauwerk an der Bornholmer Straße mit den Gleisen der von Oranienburg herangeführten Gleise der Nordbahn. Dieses Überwerfungsbauwerk war im Zusammenhang mit dem viergleisigen Ausbau der Strecke von hier zum Stettiner Bahnhof um 1896 errichtet worden, der zum selben Zeitpunkt einen Vorortbahnhof erhielt. Gegenwärtig wird dieses Bauwerk, das ehemals im Grenzgebiet lag, wieder aufgebaut. Es wird dann zwei viergleisige Strecken (jeweils zwei Ferngleise und zwei S-Bahngleise) niveaufrei bündeln. Südlich des S-Bahnhofs Bornholmer Straße wird ebenfalls ein solches Bauwerk entstehen, das es ursprünglich nicht gab.

Der Zug erreichte den Bahnhof Berlin-Gesundbrunnen. Hier bestanden Umsteigemöglichkeiten zum Nordring der S-Bahn, zu den Vorortstrecken nach Velten, Oranienburg und Bernau (b. Berlin), zur U-Bahn und zur Straßenbahn. Aber nicht jeder Zug hielt hier. In der Regel fuhren die D-Züge durch. Der eigentliche Endpunkt der Strecke war der Stettiner Bahnhof an der Invalidenstraße, ein Kopfbahnhof, der im Kriege zerstört wurde und nach 1961 im Grenzgebiet lag. Von ihm ist nichts mehr vorhanden. In der Sommersaison war der Stettiner Fernbahnhof der am stärksten frequentierte Berliner Kopfbahnhof. Von hier ging es in die Ferien an die Ostsee.

Der Bahnhof hatte einen Flügelbahnhof (errichtet im Jahre 1896), von dem das Empfangsgebäude noch vorhanden ist und wo die Vorortzüge bis 1936 nach Velten, Oranienburg und Bernau (b. Berlin) abfuhren. Diese Aufgabe übernahm 1936 der Untergrundbahnhof Stettiner Bahnhof der Berliner S-Bahn, der Vorortbahnhof wurde zu einem S-Bahn-Betriebswerk umgerüstet.

An der Preußischen Ostbahn: Reste des Empfangsgebäudes Bahnhof Neuenhagen, links ein S-Bahngleis der S 5. Winter 1994

Preußische Ostbahn

Verfolgen wir unser Schema weiter, folgt in nordöstlicher Richtung die ehemalige Königlich Preußische Ostbahn. Sie wurde 1867 auf dem Streckenabschnitt zwischen Gusow und Berlin eröffnet. Bis zu diesem Zeitpunkt fuhren die Ostbahnzüge von Küstrin kommend über Frankfurt (Oder) nach Berlin. Die Streckenführung wurde so erheblich verkürzt.

Bei Strausberg, das ursprünglich den Zusatz "an der Ostbahn" trug, treffen wir auf die Berliner S-Bahn. Der viergleisige Ausbau der Strecke zwischen Mahlsdorf und Strausberg erfolgte während des zweiten Weltkrieges und die Elektrifizierung der S-Bahngleis im Jahre 1956. Im selben Jahr wurde eine eingleisige Strecke nach Strausberg Nord errichtet, die die Verbindung zum Ministerium für Nationale Verteidigung der DDR in Strausberg Nord herstellte.

Fernverkehr über die Ostbahn gab es von 1945 an nicht mehr, denn der Grenzübergang in Küstrin nach Polen diente nur noch dem Güter- und Militärverkehr. Erst seit 1993 besteht wieder ein Personenverkehr von Berlin-Lichtenberg nach Górzow (Landsberg an der Warthe) mit Regionalverkehrszügen. Ursprünglich (seit 1857) verband diese Strecke die Residenzstädte Berlin und St. Petersburg, und sie war zugleich die erste Staatseisenbahn in Preußen. Der Endpunkt in Berlin, der eigentliche Ostbahnhof, lag am Küstriner Platz (heute Franz-Mehring-Platz) und war nur von 1867 bis 1882 in Betrieb. Später wurde das Bahnhofsgebäude zu einem Varieté mit dem Namen Plaza umgebaut. Im zweiten Weltkrieg stark beschädigt wurde es abgerissen. An der Stelle befindet sich heute eine Druckerei.

Nicht mehr für den Eisenbahnbetrieb genutztes Empfangsgebäude des Bahnhofs Hoppegarten (Mark), Winter 1994

Die Vereinigung der Ostbahn und der Strecke nach Frankfurt (Oder) erfolgte in Höhe des heutigen Bahnhofs Ostkreuz. Seit 1882 ist die Anzahl der Gleise vervielfacht

Endpunkt der Preußischen Ostbahn war von 1867 bis 1882 der am heutigen Franz-Mehring-Platz gelegene Ostbahnhof. Ein Kopfbahnhof, der einige Jahre unter dem Namen Plaza ein Varieté war. Heute steht dort ein Druckhaus. Aufnahme um 1870
LB

worden, und der Nahverkehr hat besondere Gleise erhalten. Die Ostbahnzüge wurden deshalb von 1901 an über eine Verbindungskurve von Kaulsdorf nach Rummelsburg (sog. VnK-Strecke) geführt. Die Verbindung besteht nicht mehr, auf einem Teil werden die Züge von der Stadtbahn zum nördlichen BAR geführt, und abschnittsweise verläuft die U 5 (Alexanderplatz–Hönow) parallel zur Trasse.

Die bauliche Verknüpfung dieser Staatseisenbahn aus dem Nordosten der preußischen Monarchie mit der Wetzlarer Bahn (auch Kanonenbahn genannt) war Mitte der 60er Jahre des vorherigen Jahrhunderts der Ausgangspunkt für Überlegungen, eine die Stadt durchquerende Bahn, die Stadtbahn, zu errichten.

Heute enden die Regionalzüge in Berlin-Lichtenberg. Sie berühren das Biesdorfer Kreuz, das in den 70er Jahren in seiner jetzigen Form ausgebaut wurde. Es zeichnet sich wie auch das Grünauer Kreuz durch die niveaufreie Führung der Strecke aus.

Entlang der Ostbahn gab oder gibt es Nebenbahnen, z. B. in Strausberg die Strausberger Eisenbahn, deren Personenverkehr mit zweiachsigen ehemaligen Berliner Straßenbahnwagen betrieben wird, während der Güterverkehr zur Zeit rückläufig ist. Südlich des Bahnhofs Strausberg bestand bis in die 50er Jahre die Herzfelder Eisenbahn. In Rüdersdorf beginnt eine Nebenbahn in das Zementwerk von Rüdersdorf. Hier ist der Personenverkehr schon lange eingestellt. In Hoppegarten hatte die Altlandsberger Eisenbahn ihren Endpunkt. Reste dieser Strecke sind noch vorhanden und werden als Anschlußbahn genutzt. Südlich des Bahnhofs befindet sich die bekannte Hoppegartener Galopprennbahn.

Der Bahnhof Berlin-Lichtenberg ist in den 70er Jahren zum großen Fernbahnhof umgebaut worden. Hier begann die Wriezener Eisenbahn.

Niederschlesisch-Märkische Eisenbahn

In Fürstenwalde (Spree) an der ehemaligen Niederschlesisch-Märkischen Eisenbahn beginnt der Tarifbereich der S-Bahn. Regionalverkehrszüge stellen die Verbindung zwischen Berlin und Frankfurt (Oder), dem Grenzbahnhof nach Polen, her. Nach wenigen Minuten erreicht der Zug den Endbahnhof Erkner der Berliner S-Bahn. Weiter geht

Ansicht des Schlesischen Bahnhofs von Süden auf den Westkopf, um 1930
LB

Etwa derselbe Standort wie im Bild zuvor, ca. 70er Jahre
Zimmer ZBDR

die Fahrt durch Wälder und Villenvororte, vorbei an der ehemals bis 1920 selbständigen Stadt Köpenick, der Wuhlheide mit ihrer schmalspurigen Parkeisenbahn und den Verbindungskurven zum BAR, die teilweise noch aus der Zeit des Güteraußenrings aus dem Beginn der 40er Jahre stammen, der Trabrennbahn Karlshorst und dem großen Abstellbahnhof Rummelsburg für die Fernzüge in Richtung Westen. In schneller Fahrt geht es an den Bahnsteigen des Umsteigeknotens Ostkreuz vorbei dem heutigen Hauptbahnhof entgegen.

Der Endpunkt der 1842 eröffneten Frankfurter Eisenbahn war ursprünglich ein Kopfbahnhof. Er wurde im Zuge des Baus der Stadtbahn 1882 für den "Local-, Vorort- und Fernverkehr" höher gelegt und zu einem Durchgangsbahnhof umgestaltet.
Seinen Namen hat er mehrmals gewechselt:

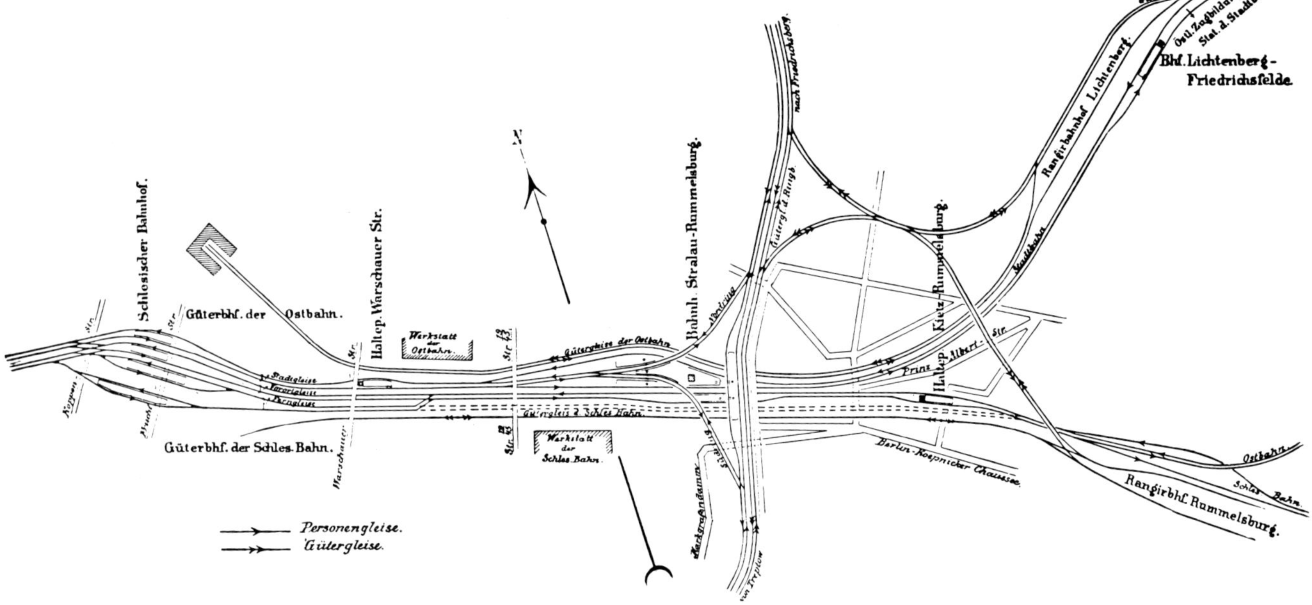

Zustand der Gleisanlagen zwischen Stralau-Rummelsburg und dem Schlesischen Bahnhof, Ende des 19. Jahrhunderts BusE, 1896

Straßenansicht der Hauptfront des Ostbahnhofs vor dem Umbau

Ansicht der östlichen Hallenschürzen

Straßenfront vom Bahnhofs-vorplatz

1842 Frankfurter Bahnhof
1882 Schlesischer Bahnhof
1950 Ostbahnhof
1987 Hauptbahnhof.

Im Jahre 1945 wurde für den Salonzug von Stalin, der von Moskau kommend über Berlin nach Potsdam fuhr, um dort an der Potsdamer Konferenz teilzunehmen, ein Gleis der Strecke von Moskau nach Berlin auf russische Breitspur 1524 mm umgenagelt

Im Zusammenhang mit der Abschnürung des Westteils von Berlins vom Eisenbahnverkehr wurde der damalige Ostbahnhof zum wichtigsten internationalen Bahnhof und zur Empfangsstation für Staatsgäste. Zur 750-Jahrfeier wurde er umfassend rekonstruiert, was erst in den 90er

Inneres des Empfangsgebäudes

Abfahrbereiter Schnellzug, bespannt mit einer Dampflokomotive der BR 01 ZBDR

Jahren abgeschlossen sein wird. Der ab 1997 über die Stadtbahn zu führende ICE-Verkehr verlangt weitere Umbauten, so daß bis zur Fertigstellung noch einige Jahre vergehen werden.

Mit dem Mauerfall wurde der Bahnhof auch wieder für Fahrten über die Stadtbahn in Richtung Süd-, West- und Nordwestdeutschland benutzt.

Görlitzer Eisenbahn

Der Zug von Görlitz über Cottbus erreicht die Berliner S-Bahn am Bahnhof Königs Wusterhausen. Von hier gibt es auf der Strecke nach Berlin wie auch auf den anderen Radialen zwei Stromsysteme. Der Fernzug fährt mit Wechselstrom weiter, und die S-Bahn erhält den Gleichstrom aus einer dritten Schiene.

Die Entstehung der Görlitzer Eisenbahn ist mit dem Wirken des „Eisenbahnkönigs" Bethel Henry Strousberg verbunden. Während der sog. zweiten Randwanderung der Berliner Industrie in den 90er Jahren des vergangenen Jahrhunderts wurden besonders die in Berlin ansässigen Lokomotivfabriken vor die Tore der Stadt verlagert. In Wildau war es die Lokomotivfabrik Schwartzkopff. Hinter dem Bahnhof Wildau durchfährt der Zug die Berliner Vororte Zeuthen und Eichwalde mit herrlichen Wäldern am Zeuthener See.

Hinter dem S-Bahnhof Grünau liegen die weiten Anlagen des Grünauer Kreuzes. Es entstand in den 50er Jahren als Fortsetzung des Südringes, der zwischen Genshagener Heide und dem Kreuz gebaut wurde. Es ist für den Fernverkehr als Kreuz zwischen dem BAR und der Görlitzer Eisenbahn gebaut worden, bei dem alle Gleisverbindungen niveaufrei vermittelt wurden. Nach dem 13. August 1961 wurde eine S-Bahnstrecke von Adlershof nach Schönefeld gebaut. Dadurch wurde das Grünauer Kreuz erweitert. Bauwerke für ein S-Bahn-Kreuz sind begonnen worden und als sog. Investitionsruine vorhanden. Über dieses Kreuz sollten ebenfalls niveaufrei S-Bahnzüge in alle Richtungen, z. B. nach Norden in Richtung Springpfuhl fahren.

Auf diesem Kreuz entscheidet es sich, ob der Zug über Wuhlheide nach Hauptbahnhof oder weiter über das Biesdorfer Kreuz nach Berlin-Lichtenberg fährt. Hinter dem Bahnhof Berlin-Adlershof auf der Görlitzer Eisenbahn folgt auf der linken Seite der Rangierbahnhof Schöneweide, und auf der rechten liegen die Klinkergebäude des Ausbesserungswerkes für die Fahrzeuge der Berliner S-Bahn. Es folgt der Bahnhof Berlin-Schöneweide, der bis zum Fall der Mauer neben dem Bahnhof Berlin-Lichtenberg ein wichtiger Fernbahnhof war. Mit einem Bahnsteig für den Fernverkehr war er aber sehr beengt. Gegenwärtig ist er ein wichtiger Umsteigepunkt zu den innerstädtischen Verkehrsmitteln, neben der S-Bahn auch zur Straßenbahn und zum Omnibus. Bedeutung hat der Bahnhof im Regionalverkehr Richtung Süden, Südwesten und Südosten.

Einen Fernbahnsteig hat auch die nächste S-Bahnstation: Berlin-Baumschulenweg. Der Bahnsteig war ursprünglich nur für den Vorortverkehr der Görlitzer Eisenbahn gedacht. Im Dezember 1993 wurde von Baumschu-

Görlitzer Bahnhof am Spreewaldplatz im Bezirk Kreuzberg, um 1867
LB

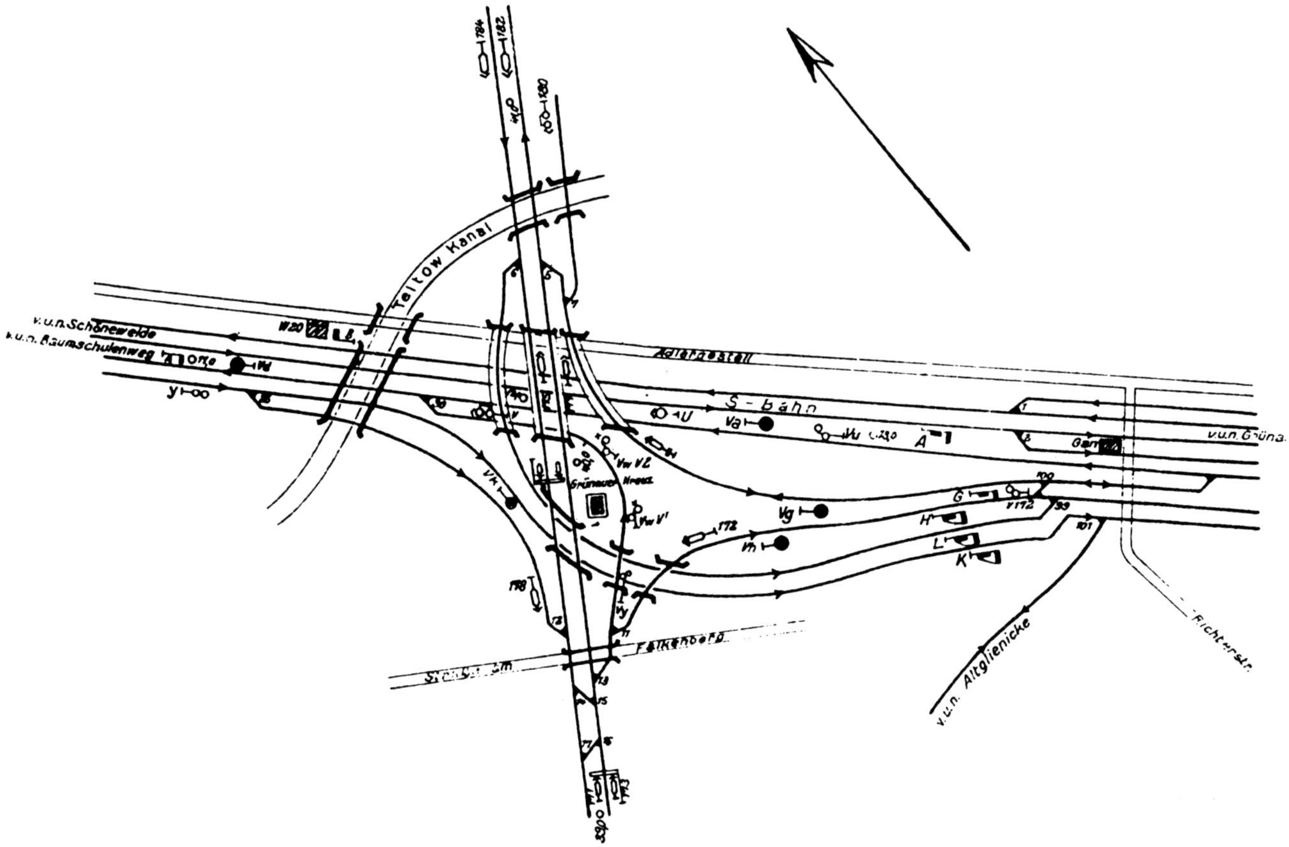

Gleisplan des Grünauer Kreuzes in den 50er Jahren

lenweg aus nach 33 Jahren Unterbrechung die S-Bahn-Verbindung zum Südring und bis Westend wiederhergestellt.

Kurz vor Erreichen des Berliner Innenrings, der hier noch in Richtung Neukölln unterbrochen ist, verlief die Grenze zwischen den beiden Berliner Stadthälften. Hier schwenken die Gleise von Ring- und Fernbahn in Richtung Ostkreuz und Lichtenberg nach Norden.

Bis um das Jahr 1950 fuhren die Züge noch bis zu ihrem historischen Endpunkt, dem Görlitzer Bahnhof am Spreewaldplatz im Bezirk Kreuzberg. Das Empfangsgebäude ist längst abgerissen. Auf dem Bahnhofsgelände besteht eine umfängliche Parkanlage. Aber der Bahndamm ist zum Teil noch vorhanden. Er dient heute als Fußweg.

Dresdener Eisenbahn

Im Jahre 1875 wurde zwischen Berlin und Dresden eine direkte Eisenbahnstrecke eröffnet. Bis zu diesem Zeitpunkt fuhren die Züge über Jüterbog und Falkenberg (Elster).

Der Zug erreicht in Wünsdorf die Grenze zum Tarifbereich der Berliner S-Bahn. Aber hier begegnet man noch nicht den bekannten S-Bahnzügen, sondern Doppelstock-Wendezügen mit Wechselstromlokomotiven der Regionalbahnlinie R 2, die bis zum Bahnhof Flughafen Berlin-Schönefeld oder nach Berlin-Schöneweide fahren. Der Bahnhof ist bekannt geworden durch die sowjetischen bzw. GUS-Streitkräfte, die hier bis zum Jahre 1994 ihr Hauptquartier hatten.

Der Zug durchfährt den Bahnhof Zossen. Hier stößt aus Richtung Jüterbog eine Nebenbahn hinzu. Sie ist Teil der sog. Militäreisenbahn, die im Eröffnungsjahr der Dresdener Eisenbahn zwischen Schöneberg und Zossen als drittes Gleis westlich der eigentlichen Strecke lag und in Zossen weiter zum Schießplatz Sperenberg führte. Soldaten bauten und betrieben bis zum Ende des ersten Weltkrieges diese Strecke. Über die Landesgrenzen hinweg wurde ein

Streckenabschnitt dieser Militäreisenbahn berühmt. Im Jahre 1901 fuhren auf dem Abschnitt Marienfelde–Zossen Drehstromfahrzeuge mit Geschwindigkeiten von 203 km/h.

Hinter der Station Blankenfelde im Bereich des Abzweiges Glasower Damm fährt der Zug in einem großen Verbindungsbogen in östlicher Richtung auf den BAR. Nach wenigen Minuten Fahrzeit erreicht er den Bahnhof Flughafen Berlin-Schönefeld.

Erstmals trifft man am S-Bahnhof Blankenfelde auf einen Zug der Berliner S-Bahn, die bis 1961 bis zum Bahnhof Rangsdorf fuhr. Im Zuge des Lückenschlusses von Lichtenrade aus erfolgte ein Wiederaufbau nur bis Blankenfelde. Hier besteht zwischen der S 2 und der R 2 unmittelbarer Übergang.

Der Fern- und der S-Bahnverkehr waren auf dem Streckenabschnitt zwischen Rangsdorf und Mariendorf nicht getrennt. Es gab einen Gemeinschaftsbetrieb bis zum heutigen S-Bahnhof Attilastraße. Nördlich dieses Bahnhofs bestand bis zur S-Bahnstation Priesterweg, der die S-Bahnstrecken von Blankenfelde und von Lichterfelde Ost vereinigt, ein niveaufreies Verzweigungssystem für Fern- und S-Bahn, das die Strecken von Dresden und von Halle/Leipzig vereinigte. Das 1901 in Betrieb genommene Bauwerk hat die Züge der verschiedenen Richtungen leistungsfähig getrennt. In diesem Zusammenhang wurde auch der Vorortverkehr vom Anhalter Bahnhof zum Potsdamer Ring- und Vorortbahnhof verlegt, und man errichtete besondere Vorortgleise. Seit Ende Mai 1995 verkehren hier neben der S 2 die Abzweiglinien S 25 und S 26 nach Lichterfelde Ost. Der Wiederaufbau für den Fernverkehr dauert jedoch noch einige Zeit.

Am Turmbahnhof Papestraße unterquerte der Fernzug die Ringbahn. An dieser Stelle soll nach dem Pilzkonzept ein Bahnhof gebaut werden, der dieselben Aufgaben haben wird wie sie der Bahnhof Berlin-Gesundbrunnen einst hatte und wieder haben wird. Der Endpunkt des Zuges war der Anhalter Bahnhof, dessen Portikus am Askanischen Platz erhalten geblieben ist. Der ursprüngliche Endbahnhof, der Dresdener Bahnhof, bestand nur kurze Zeit. Sein Standort war etwa am heutigen Postbahnhof Luckenwalder Straße in der Nähe des Hochbahnhofs Gleisdreieck der U-Bahn.

In dem Bemühen, mit Hilfe schnellfahrender Züge der Konkurrenz des Personenkraftwagens zu begegnen, initiierte die Deutsche Reichsbahn in den 30er Jahren einen Fernschnellverkehr mit Schnelltriebwagen und mit einem dampflokbespannten Zug. Mit diesem Henschel-Wegmann-Zug (von der Firma Henschel stammte die Lokomotive und von der Firma Wegmann waren die vierachsigen Schnellzugwagen) wurde im Jahre 1936 ein Schnellverkehr zwischen Berlin und Dresden eingerichtet. Die Fahrzeit betrug seinerzeit zwischen Anhalter Bahnhof und Dresden Hbf 100 Minuten. Heute fährt ein IC bzw. EC zwischen Berlin Hauptbahnhof und Dresden Hauptbahnhof 108 Minuten!

Anhalter Eisenbahn

Zu den wichtigsten Strecken der Deutschen Reichsbahn vor 1939 gehörte die von Halle(Saale)/Leipzig nach Berlin. Ausdruck hierfür ist der Plan, den Abschnitt von Halle (Saale) bis Berlin viergleisig auszubauen. Vorleistungen zwischen Jüterbog und Woltersdorf bei Luckenwalde wurden seinerzeit schon erbracht. Im Zuge der Elektrifizierung wurde durch die neuen Brücken der Raum für den viergleisigen Ausbau allerdings eingeengt

Die Anhalter Eisenbahn wurde 1841 zwischen Berlin und Jüterbog eröffnet.

Am Bahnhof Ludwigsfelde beginnt der S-Bahn-Tarifbereich im Wechselstrombetrieb. Der Zug verläßt bei Birkengrund die Anhalter Eisenbahn in östliche Richtung und fährt über den BAR über Bahnhof Flughafen Berlin-Schönefeld nach Berlin-Schöneweide oder Berlin-Lichtenberg.

Die ehemalige Strecke in Richtung Anhalter Bahnhof kann man mit dem Zug nur bis Teltow verfolgen, hier endet die Regionalbahnlinie R 24. Westlich der Strecke, deutlich sichtbar am Bahnhof Großbeeren, ist der Bahndamm für den viergleisigen Ausbau im Vorortbereich von Berlin zu erkennen. Im Bahnhof Teltow sieht man ebenfalls den Bahndamm für die Höherlegung der Strecke aus den 40er Jahren. Die Gleichstrom-S-Bahn hatte ursprünglich ihren Bahnsteig auf diesem Damm, der heute bewachsen ist. In nördlicher Richtung befanden sich auch Bahndämme, die zum Teil noch keine Gleise besaßen. Infolge der Grenze sind sie beseitigt worden, und es stehen nur die Widerlager für die Brücken. Diese Bauten sind Teil der Ende der 30er/Anfang der 40er Jahre geplanten gigantischen Umgestaltung der Bahnanlagen von Berlin. Hinter der Stadtgrenze liegt der Bahnhof Lichterfelde Ost. Hier hatte 1881 die erste elektrische Straßenbahn der Welt ihren Anfang. Mehrere Bahnsteige markieren den Umsteigepunkt, der 1901 von Berlin aus viergleisig ausgebaut wurde.

Vom Überwerfungsbauwerk an verliefen Dresdener und Anhalter Eisenbahn gemeinsam bis zum Anhalter Bahnhof. Die Eisenbahnlandschaft, die hier begann, beanspruchte eine große Fläche und behinderte die städtebauliche Entwicklung. Im ehemaligen Lokschuppen des Anhalter Bahnhofs hat das Museum für Verkehr und Technik Großfahrzeuge der Eisenbahn ausgestellt. Nach Über-

Entwurfszeichnung von Franz Schwechten für das Empfangsgebäude des Anhalter Bahnhofs in Berlin aus dem Jahre 1873
LB

Reste des Portikus des alten Anhalter Bahnhofs 1994

queren des Landwehrkanals fuhr der Zug in die Halle des von Schwechten entworfenen Bahnhofs ein. Die Halle wurde im zweiten Weltkrieg zerstört und später abgerissen. Übrig blieb der Portikus. Der Bahnhof wurde um 1951 geschlossen, als der südliche Teil des Berliner Außenringes fertiggestellt war und der Personenverkehr um Berlin (West) herumgeführt wurde.

Für das Eisenbahnpilzkonzept wird die Fläche des Anhalter Fernbahnhofs nicht mehr benötigt.

Wetzlarer Eisenbahn

Die Bahn ist auch unter dem Namen Kanonenbahn bekannt geworden, weil sie als Staatsbahn den schnellen Weg von der Hauptstadt in die südwestlichen Provinzen herstellen sollte. Eng mit ihrer Geschichte hängt der Bau der Berliner Stadtbahn zusammen, die die Ostbahn mit der Wetzlarer Eisenbahn, also zwei Staatsbahnen, durch die Stadt verbinden sollte.

Bis zur Grenzöffnung diente die Bahn dem Verkehr zwischen Berlin (West) und dem Bundesgebiet als Ausfallstrecke aus dem Stadtgebiet. Nach der Grenzöffnung nahm die Bedeutung dieser Bahnstrecke beträchtlich zu, z. B. verkehrt der ICE aus Richtung Hannover bis Herbst 1995 auf dieser elektrifizierten Strecke.

Von Dessau kommend, beginnt in Beelitz-Heilstätten der S-Bahn-Tarifbereich. Züge der Regionalbahnlinie R 6 verkehren bis zum Bahnhof Wannsee. In Seddin passiert der Zug den Rangierbahnhof, der auf dem Gelände der Eisenbahnausstellung aus dem Jahre 1924 errichtet wurde und in der Zeit der Spaltung der Stadt der Zugbildungsbahnhof für die Güterzüge war, die von und nach Berlin (West) verkehrten. Hinter Seddin verzweigt sich die Strecke des alten Güteraußenringes, heute die Verbindungsstrecke zum BAR bei Saarmund. An den Stationen Rehbrücke und Drewitz wird das Stadtgebiet der Landeshauptstadt von Brandenburg, Potsdam, berührt. Am Bahnhof Drewitz mußte mit der Elektrifizierung der Strecke das Potsdamer Obusnetz unterbrochen werden. Kurz hinter dem Bahnhof wird Berliner Stadtgebiet erreicht, zur Zeit der Mauer ein streng bewachter Abschnitt. In Höhe vom Bahnhof Griebnitzsee überquerte die Potsdamer Eisenbahn die Strecke. Der als Stammbahn bekannte Abschnitt dieser Strecke war lange Zeit Grenzgebiet. In Höhe von Kohlhasenbrück kommt von Potsdam die mit Gleichstrom elektrifizierte Strecke hinzu. Es folgt Bahnhof Wannsee, auf dem auch Fernzüge halten. Er ist zugleich Umsteigepunkt für den ICE-Verkehr, der die Landeshauptstadt Potsdam bis Herbst 1995 noch nicht direkt erreichte. In schneller Fahrt geht es dann durch den Grunewald. Die Strecke verläuft hier parallel zur Bundesautobahn A 115, die von 1910 bis 1921 als Auto-, Verkehrs- und Übungsstrecke (AVUS) erbaut wurde. Der Bahnhof Grunewald war der Abstellbahnhof für Züge, die über die Stadtbahn nach Osten verkehrten, also das Gegenstück für den Bahnhof Rummelsburg. Kurz darauf vereinigt sich die Strecke mit der von Spandau (Züge von und nach Hamburg bzw. Hannover).

Am Bahnhof Westkreuz überquert der Zug die Gleise des Berliner Innenrings. Der Reisende blickt auf den Turmbahnhof Westkreuz, dahinter auf den Berliner Funkturm und das Internationale Congreß-Centrum (ICC). Der Blick nach Süden geht auf den Südring, im Vordergrund der S-Bahnhof Halensee. Kurz darauf durchfährt der Zug den eigentlichen Endbahnhof der Wetzlarer Bahn, den Bahnhof Charlottenburg. Er ist der westliche Endpunkt der Berliner Stadtbahn für den Fernreiseverkehr. von und nach Hamburg. Bis 1997 enden die Fernzüge hier bzw. in zoologischer Garten.

Berlin-Potsdam-Magdeburger Eisenbahn

Die älteste Berliner Eisenbahn ist die 1838 in Betrieb genommene Berlin-Potsdamer Eisenbahn, die 1846 bis Magdeburg verlängert wurde. Sie wird bis Ende 1995 für eine Streckengeschwindigkeit von 160 km/h ausgebaut und elektrifiziert. Bis zum Fall der Mauer war die Strecke über Magdeburg und Helmstedt die kürzeste Verbindung zwischen Berlin (West) und dem Bundesgebiet. Auch diese Strecke hat nicht mehr ihren ursprünglichen Endpunkt den Potsdamer Bahnhof am Potsdamer Platz.

Trotzdem soll gedanklich der Weg in das Herz Berlins befahren werden. Der Zug erreicht in Werder (Havel) den S-Bahn-Tarifbereich und die großflächigen Havelseen. Nördlich der Strecke ist der Park von Sanssouci am ehemaligen Kaiserbahnhof Wildpark zu erkennen. Es ist geplant, ihn für die Bibliothek der Potsdamer Universtät herzurichten. Die Jahre haben an dem 1907 im englischen Landhausstil errichteten Gebäude genagt. Sein Wiederaufbau ist teuer. Vorbei an der Station Charlottenhof,

Fundamentreste der Brückenwiderlager der Stammbahn über einen stillgelegten Autobahnabschnitt im ehemaligen Grenzgebiet bei Dreilinden, 1993

Empfangsgebäude des Bahnhofs in Potsdam, Mitte der 30er Jahre

POTSDAMER BAHNHOF

Potsdamer Bahnhof, Ansicht der Straßenfront vom Potsdamer Platz aus
LB

Ansicht der Halle des Potsdamer Bahnhofs von der Gleisseite, Aufnahme 1876
LB

benannt nach einem Schlößchen im Park von Sanssouci, geht es dem Bahnhof Potsdam entgegen. Hier in der Landeshauptstadt Brandenburgs hält der Zug, und es besteht die Möglichkeit, mit der S-Bahn in die Stadt Berlin zu fahren.

Am Bahnhof Griebnitzsee, dem ehemaligen Grenzbahnhof zwischen Berlin (West) und der DDR, schwenkt der Zug heute auf die Gleise der Wetzlarer Bahn. Bis Kriegsende ging es jedoch geradeaus in Richtung Zehlendorf, Steglitz, Schöneberg auf der Stammbahn bis zum Potsdamer Bahnhof. Der Name Stammbahn hat seinen Ursprung darin, daß 1874 zwischen Zehlendorf, Wannsee und Griebnitzsee die Alte Wannseebahn zur Erschließung des Villengebietes am Schlachtensee entstand. Die Neue Wannseebahn besteht aus den gesonderten Vorortgleisen zwischen dem Potsdamer Bahnhof und Potsdam über Wannsee.

Die Stammbahn ist kürzer, weil sie von Zehlendorf direkt Richtung Potsdam führt. An der Stadtgrenze war sie Grenzgebiet. Gleise sind noch in Zehlendorf Süd zu erkennen.

Seit dem Sommer 1994 ist südlich des Potsdamer Bahnhofs ein Logistikzentrum für den Wiederaufbau des Potsdamer Platz entstanden. Hierfür wurde südlich des Landwehrkanals ein Güterumschlagszentrum für Baumaterialien vom Lkw auf die Eisenbahn errichtet. Auf diesen Gleisen fahren wieder Züge fast bis zum alten Endbahnhof der Berlin-Potsdamer Eisenbahn.

Lehrter Bahn

Bis zum Fall der Mauer hatte die Strecke keine Bedeutung für den Berliner Eisenbahnverkehr. Für den öffentlichen Personenverkehr von Stendal nach Berlin (Ost) wurden die Züge in der Regel über den südlichen BAR nach Lichtenberg geführt.

Jetzt ist wieder eine Fahrt von Hannover nach Berlin Stadtbahn über die Lehrter Bahn möglich. Der gegenwärtige Ausbauzustand läßt jedoch keine hohen Geschwindigkeiten zu, obwohl vor dem zweiten Weltkrieg mit Schnelltriebwagen (z. B. Fliegender Kölner) Reisegeschwindigkeiten zwischen Berlin und Hannover von etwa 130 km/h erreicht wurden.

Der S-Bahn-Tarifbereich wird am Bahnhof Wustermark erreicht. An ihn schließt sich ein großer Rangierbahnhof an, der um 1910 errichtet wurde und in Elstal in der Nähe des Olympischen Dorfes von 1936 eine eigene Siedlung für Eisenbahnbedienstete besitzt. Der Güterbahnhof vereinigte den Güterverkehr der Lehrter Bahn und den der Hamburger Bahn, der von Nauen über Bredow herangeführt wurde.

Kurz hinter dem Bahnhof endet der elektrische Betrieb des BAR. Es folgte der Grenzkontrollbahnhof für den Personenfernverkehr von und nach Hamburg und den Güterverkehr. Für die Einwohner von Staaken bestand gegenüber diesem Kontrollbahnhof ein hermetisch abgeriegelter Haltepunkt. Staaken gehört eigentlich zu Berlin. Es wurde aber im Zuge eines Gebietsaustauschs halbiert und die eine Hälfte zunächst Berlin (Ost) zugeschlagen, später vom Kreis Nauen verwaltet. Die andere Hälfte gehörte zu Spandau. Heute ist ganz Staaken wieder ein Teil von Berlin. Hinter der neuen Grenze zu Berlin (West) endete die S-Bahnlinie von Strausberg. Bis 1961 durften nur DDR-Bürger von hier Richtung Wustermark weiterfahren.

Bei unserer Weiterfahrt können wir den Verlauf der S-Bahnstrecke verfolgen. Sie entfernt sich von der Lehrter Bahn und läuft erst wieder ab Spandau West, vereinigt mit der Hamburger Bahn, parallel zur Fernbahn. Links grüßt das Rathaus Spandau. Hier an der Kreuzung mit der Klosterstraße wird ein ICE-Bahnhof errichtet werden. Der folgende Bahnhof Spandau Hbf hatte ursprünglich getrennte Bahnsteige für die Hamburger und die Lehrter Bahn. Am Bahnhof Ruhleben zweigt die Fernstrecke Richtung Stadtbahn über Westkreuz ab.

Die alte Streckenführung der Lehrter Bahn verlief direkt ostwärts und kreuzte in Höhe des Bahnhofs Jungfernheide die Gleise des Berliner Innenrings. In Höhe des Bahnhofs Putlitzstraße/Moabit machte die Strecke einen großen Bogen in Richtung Südosten (hier kommen sich Ringbahn und Stadtbahn am nächsten) um nach Passieren des Güterbahnhofs in den Lehrter Bahnhof einzumünden. Hier bestand eine Umsteigemöglichkeit zur Stadtbahn. Der Lehrter Bahnhof galt wegen seiner Architektur übrigens als Aristokrat unter den Berliner Bahnhöfen.

Bereits vor dem Fall der Mauer wurde zwischen den beiden deutschen Bahnverwaltungen der Bau einer Hochgeschwindigkeitsstrecke zwischen Hannover und Berlin vereinbart. An diesem Vorhaben wird auch nach der deutschen Einheit festgehalten. Die Hochgeschwindigkeitsgleise für eine Geschwindigkeit von 250 km/h werden auf einem besonderen Planum neben dem vorhandenen

Lehrter Bahnhof, im Vordergrund die Spree,
Aufnahme 1938
LB

errichtet. Beide Strecken werden elektrifiziert. Die alte, als Stammbahn bezeichnete Strecke wird jedoch nur streckenweise wieder zweigleisig hergerichtet.

Die neue Strecke sollte ursprünglich über Spandau zum Bahnhof Zoologischer Garten führen. Nach dem Pilzkonzept wird sie jedoch auch den Lehrter Bahnhof erreichen, der dann ein Durchgangsbahnhof für Zugläufe nach Dresden und Halle/Leipzig sein wird.

Die Lehrter Bahn wurde vor 1939 auch für die Demonstration von Neuerungen des Schienenverkehrs genutzt. Zum Beispiel unternahm der Kruckenbergsche Schienenzeppelin hier seine Versuchsfahrten.

Hamburger Eisenbahn

Die Strecke Berlin–Hamburg gehörte vor 1939 zu den am meisten befahrenen Eisenbahnstrecken der Deutschen Reichsbahn. Hier wurden Geschwindigkeitsrekorde für Dampflokomotiven und Schnelltriebwagen aufgestellt. So benötigte der als „Fliegender Hamburger" bekannt gewordene Schnelltriebwagen von Berlin bis Hamburg 2 Stunden und 20 Minuten.

Die Strecke ist 1846 eröffnet worden und hatte an der Invalidenstraße einen eigenen Bahnhof. Mit dem Bau des neuen Lehrter Bahnhofs 1872 und der Verstaatlichung der Eisenbahnen in Preußen wurde der Zugverkehr vom Hamburger Bahnhof zum Lehrter Bahnhof verlegt. Das Empfangsgebäude des Hamburger wurde 1906 nach entsprechenden Umbauten als Eisenbahn-Bau- und Betriebsmuseum eröffnet. Dadurch entging der Bahnhof dem Abriß. Das Empfangsgebäude aus dem Jahre 1846 ist in wesentlichen Teilen erhalten. Der Hamburger Bahnhof ist der einzige ehemalige Berliner Kopfbahnhof, der noch vorhanden ist. Er beherbergt heute eine Kunsthalle. Die Aufgaben eines Verkehrsmuseum sind auf das Museum für Verkehr und Technik an der Trebbiner Straße übergegangen.

Die Hamburger Eisenbahn ist seit 1961 an der Berliner Stadtgrenze zwischen Albrechtshof und Spandau West unterbrochen. Vordem fuhr der Schnellzug, in Spandau Hbf haltend, bis zum Lehrter Bahnhof.

Der S-Bahn-Tarifbereich beginnt im Bahnhof Nauen. Die Stadt ist u. a. bekannt geworden durch die Sendetürme der Rundfunkstation. Von Nauen werden die Gleise

Empfangsgebäude des Hamburger Bahnhofs an der Invalidenstraße, Aufnahme etwa in den 60er oder 70er Jahren des 19. Jahrhunderts
LB

des Güterverkehrs über Bredow zum Rangierbahnhof Wustermark geführt. Die Personengleise werden weiter Richtung Berlin geführt. Im Falkenhagener Forst wird der Berliner Außenring unterfahren. Über Verbindungskurven werden hier, mit Ausnahme der südöstlichen Eckverbindung (das ist die Verbindung von Finkenkrug in Richtung südlicher BAR), die auf das Kreuz zulaufenden Strecken miteinander verbunden. Der „Schnellverkehr", eine Bezeichnung der Deutschen Reichsbahn für die im S-Bahn-Tarifbereich mit Dampf-, Diesel- und Elektrolokomotiven bzw. Triebwagen betriebenen Zugläufe, der heutige Regionalverkehr, benutzte diese Verbindungskurven. Im Bahnhof Falkenhagen, der am Berliner Außenring gelegen ist, trafen sich alle diese Züge, die Berlin (West) umfuhren.

Der Zentralbahnhof von Berlin – die Berliner Stadtbahn

Die großen Ferneisenbahnen Berlins endeten zu ihrer Entstehungszeit, mit Ausnahme der Wetzlarer Eisenbahn, in Kopfbahnhöfen, die mehrfach umgebaut und erweitert wurden und zum Ausgang des 19. Jahrhunderts das Stadtbild prägten. Einen eigentlichen Hauptbahnhof hat Berlin nie besessen. Allerdings war die Berliner Stadtbahn nach dem Willen ihrer Schöpfer als langgestreckter Zentralbahnhof anzusehen. Daran wird sich auch in Zukunft nichts ändern. Das Pilzkonzept für die zukünftigen Berliner Eisenbahnanlagen sieht jedenfalls eine solche Lösung auch für die Nord-Süd-Richtung vor. Und wenn die Differenzierung des Personenverkehrs zwischen ICE, IC, IR und Regionalverkehr auch für Berlin greifen wird, wird es zu den gegenwärtig drei Fernbahnhöfen einige mehr geben. An den Schnittpunkten zwischen Stadtbahn und Ringbahn an den Bahnhöfen Ostkreuz und Westkreuz dürfte es dann Regionalbahnhöfe geben.

Am Anfang stand das Projekt einer sog. Zentralbahn, die der Naturwissenschaftler Helmholtz als mathematisches Modell aufgestellt hatte. Im wesentlichen besagt das Modell, daß man von einem Ort der Stadt zu einem anderen Ort über eine um die Stadt herumgeführte Zen-

Baustelle Bahnhof Börse der Berliner Stadtbahn, heute Hackescher Markt, um 1880
LB

tralbahn schnell ans Ziel gelangt und dabei Reisezeit und Streckenlänge ein Minimum bilden.

Die Stadteisenbahn, so hieß das Vorhaben in seinen Anfängen, sollte den Kern dieses Modells bilden. Private Investoren brachten jedoch die notwendigen Mittel nicht auf, so daß der Staat eingriff und die Stadtbahn eine Verbindungsbahn zwischen den beiden Staatsbahnen, der Ostbahn und der Wetzlarer Bahn, wurde.

Das ausgeführte Projekt begann allerdings nicht am Ostbahnhof (Kopfbahnhof der Ostbahn) sondern am Schlesischen Bahnhof, der seinerzeit verstaatlicht wurde. Der andere Endpunkt, der Bahnhof Charlottenburg, Endpunkt der Wetzlarer Eisenbahn wurde erst im Zusammenhang mit dem Bau der Stadtbahn eröffnet.

Die Berliner Stadtbahn besteht aus Dämmen, Viaduktbögen und Brücken und hat zwischen fixierten Punkten bei den Endbahnhöfen (Charlottenburg und Hauptbahnhof) eine Länge von 12 km. Die Strecke ist viergleisig und hatte mit Ausnahme des Markthallenverkehrs zum Bahnhof Alexanderplatz keinen Güterverkehr. Der "Localverkehr" ist getrennt vom Fern- und Vorortverkehr von vornherein auf zwei Gleispaaren abgewickelt worden. Der Fern- und Vorortverkehr besaß früher fünf Halte: Charlottenburg, Zoologischer Garten, Friedrichstraße, Alexanderplatz und Schlesischer Bahnhof. Zur Zeit sind es noch zwei: Zoologischer Garten und Hauptbahnhof.

Die Fahrt mit einem Fernzug dauerte von Charlottenburg bis zum Schlesischen Bahnhof ca. 45 Minuten. Das Prinzip, daß sich jeder seinen eigenen Ein- bzw. Aussteigebahnhof aussuchen konnte, hatte sich bewährt, denn nicht jeder mußte die Gesamtstrecke der Stadtbahn befahren. Die schnelle Weiterfahrt mit den anderen öffentlichen Verkehrsmitteln war von allen Bahnhöfen möglich. Wenn es nicht die U-Bahn oder die Straßenbahn war, die Stadt-, Ring- oder Vorortbahnen bzw. die S-Bahn vermittelten den Anschlußverkehr bis weit in das Berliner Umland hinein.

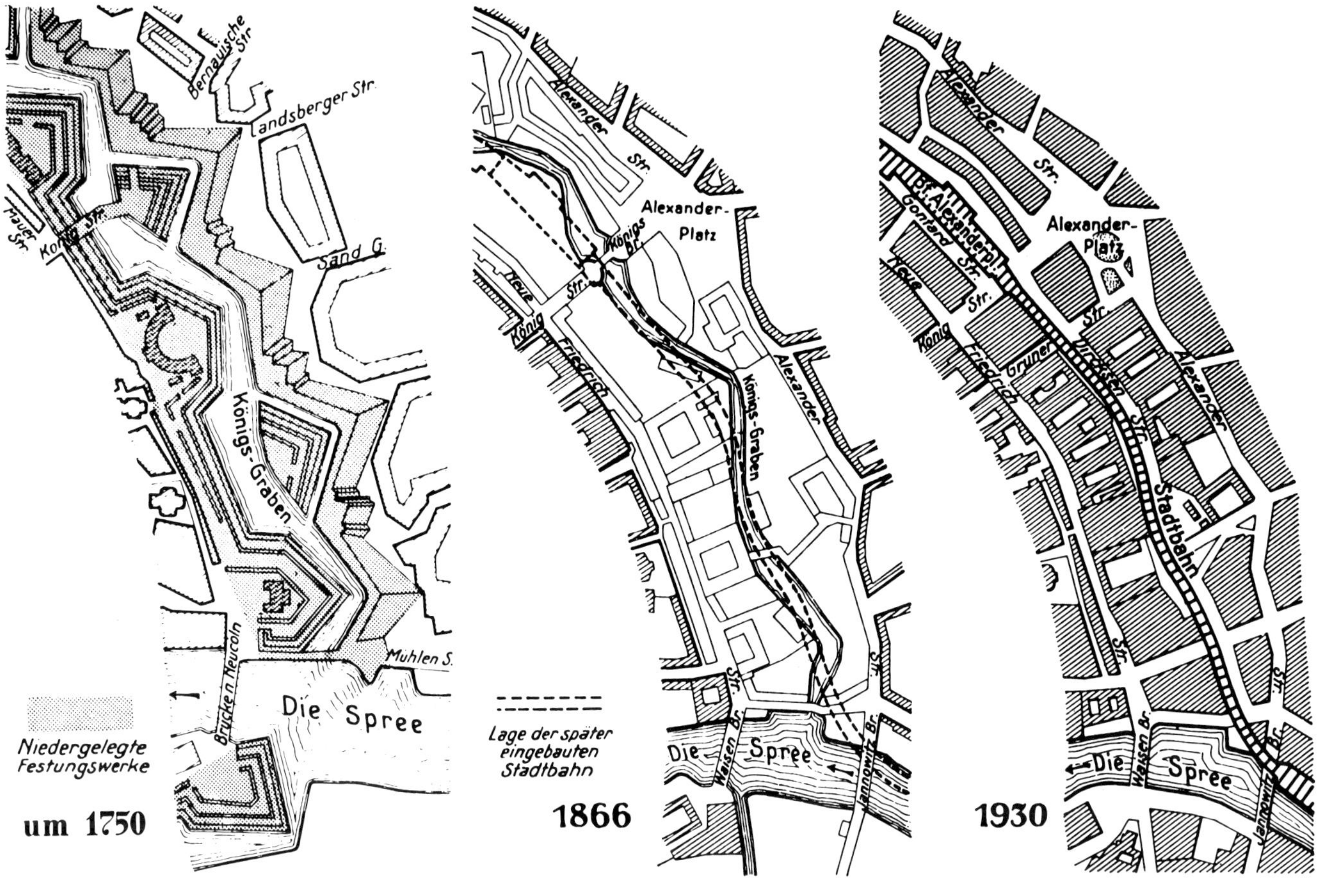

Führung der Berliner Stadtbahn im Verlauf des ehemaligen Festungsgrabens

Auch auf den anderen Radialstrecken hielten verschiedene Züge auf Vorbahnhöfen im Berliner Verkehrsraum, wo man nach dem Umsteigen in dieselbe Richtung weiterfahren konnte, z. B. hielten Eilzüge in Oranienburg, Bernau, Zossen und Potsdam. Von dort war ein schnelles Weiterfahren möglich.

Am westl. Ende der Stadtbahn liegt der Bahnhof Charlottenburg mit vier Bahnsteigen. Die nördlichen Bahnsteige dienten dem Stadtbahnverkehr von und nach Westend (ursprünglicher Name Charlottenburg), dem Verkehr von und nach Grunewald besonders für den Ausflugsverkehr sowie vom und zum Südring. Der eine Fernbahnsteig diente der Wetzlarer Bahn, und der andere war der Verbindungskurve zur Hamburger und Lehrter Bahn über Ruhleben vorbehalten. Sämtl. Strecken waren 1882 fertiggestellt.

Nach dem zweiten Weltkrieg verlor der Bahnhof seine Bedeutung als Fernbahnhof. Züge der britischen Schutzmacht hatten hier ihren Bahnhof. Empfangsgebäude und Bahnsteigdächer sind nur notdürftig wieder hergerichtet worden. Erst mit der Elektrifizierung und der Sanierung der Gleise ändert sich das Bild.

Der nächste Fernbahnhof ist der Bahnhof Zoologischer Garten. Er wurde erst zwei Jahre nach der Berliner Stadtbahn im Jahre 1884 eröffnet. Infolge der Zweiteilung der Berliner City in eine um die Friedrichstraße und die Straße Unter den Linden sowie eine um den Kurfürstendamm entwickelte sich dieser Fernbahnhof zum Bahnhof des Berliner Westens. Der ursprüngliche Fernbahnteil des Bahnhofs besaß nur einen Bahnsteig mit zwei Gleisen. In den 30er Jahren wurde er umgestaltet. Die große Fernbahnhalle erhielt zwei Bahnsteige und ist heute Endpunkt des elektrifizierten Streckenabschnitts im Westteil der Stadt. Hier enden die ICE und IC/EC-Züge, die vom Westen und Südwesten nach Berlin kommen. Bis 1997/98 wird das so bleiben, denn die Stadtbahn wird zwischen Zoologischen Garten und Hauptbahnhof von Grund auf saniert. In der Zeit zwischen 1961 und 1990 war der Bahnhof der Zentralbahnhof für Berlin (West). Von hier

Ansicht des Bahnhofs Alexanderplatz mit Blick in die Dircksenstraße im Jahre 1905
LB

Etwa derselbe Fotostandort in den 60er Jahren
Migura

Ansicht des Bahnhofs Friedrichstraße, etwa um die Jahrhundertwende mit Blick auf die östliche Hallenschürze
LB

Ansicht des Bahnhofs Friedrichstraße, um 1928
LB

fuhren die Züge nach Hamburg und Hannover über Magdeburg, nach Frankfurt am Main über Dessau, Halle Saale) und Erfurt sowie nach Stuttgart und München über Naumburg (Saale) und Probstzella.

Im Schnittpunkt mit der in Nord-Süd-Richtung verlaufenden Friedrichstraße liegt der gleichlautende Bahnhof. Seit seiner Eröffnung im Jahre 1882 entwickelte er sich als der „Centralbahnhof". Um den Bahnhof herum siedelten sich Hotels und über Berlin hinaus bekannte Vergnügungsstätten, z. B. der Wintergarten, an. In den 20er Jahren wurde der Bahnhof umgebaut und erhielt dabei zwei Fernbahnsteige. Im Jahre 1936 stellte die Nord-Süd-S-Bahn die Verbindung zum Stettiner Fernbahnhof her und ab 1939 konnten mit derselben Bahn auch die Fernbahnhöfe Potsdamer Bahnhof und Anhalter Bahnhof im Süden des alten Berliner Zentrums erreicht werden.

Vom 13. August 1961 an war der Bahnhof Grenzbahnhof. Nur hier konnten Reisende aus der DDR die Grenze in Richtung Westen überschreiten. Dazu wurde der Bahnhof hermetisch abgeriegelt. Ein eigene Grenzabfertigungshalle auf der Nordseite hieß im Volksmund „Tränenpalast". Gegenwärtig ist der Zustand wenig einladend. Für den Fernverkehr soll der Bahnhof keine Zukunft haben, hier sollen nur noch Regionalverkehrszüge halten.

Der vierte ehemalige Fernbahnhof ist der Bahnhof Alexanderplatz. Schon kurz nach dem Kriege wurde hier der Fernverkehr eingestellt. Nach den erheblichen Kriegszerstörungen wurden die Halle für die beiden Bahnsteige

Blick auf den Bahnhof Zoologischer Garten im Jahre 1898, links der Stadtbahnhof und rechts der Fernbahnteil
LB

Bahnhof Zoologischer Garten, Blick vom Hardenbergplatz, 1995

Innenansicht nach der Umgestaltung, 1995

Übersichtskarte über den Güterverkehr von Groß-Berlin im Jahre 1943

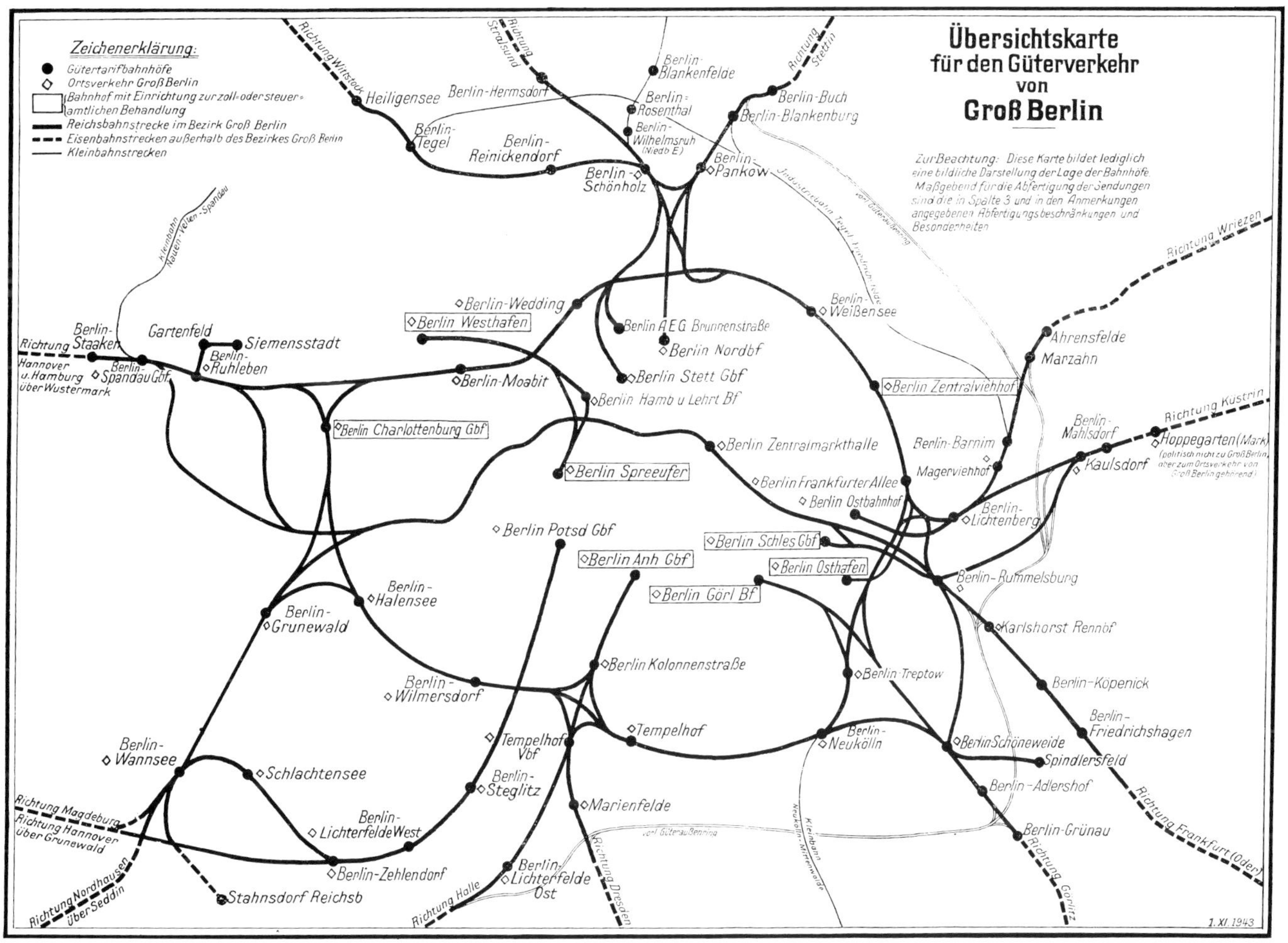

Ansicht des Bahnhofs Charlottenburg auf einer Ansichtskarte, die im Jahre 1926 abgestempelt wurde

und die Räumlichkeiten im Innern des Viadukts neu gestaltet. Da der Fernverkehr hier nicht mehr hielt, wurde bis 1994 ein Gleis des Fernbahnsteigs für den S-Bahnverkehr in Richtung Osten genutzt. Der Fernbahnsteig soll nun für den Regionalverkehr hergerichtet werden.

Der fünfte und letzte Bahnhof ist der Hauptbahnhof. Hier enden die Züge aus dem Westen und beginnen heute die Züge, die mit elektrischen Lokomotiven nach Polen, dem Balkan, nach Sachsen und Thüringen sowie nach Süddeutschland fahren.

Ein S-Bahn-Triebzug der Baureihe 477 am Eröffnungstag des Südringes (17. Dezember 1993) bei der Einfahrt in den Bf Westkreuz. Im Hintergrund der Funkturm, das ICC und der Berliner Stadtring.
Jörg Ott

Die Stadtbahn führt zwischen den Bahnhöfen Friedrichstraße und Hackescher Markt am Bode-Museum vorbei. Anfang Oktober 1994 überquert ein Triebzug der BR 477 die Spree.
Jörg Ott

Grünau
52

Erkner

S
S 75
7

Bahnhof Gesundbrunnen, Ausfahrt Richtung Süden

S-Bf Hackescher Markt mit einem Triebzug der BR 476
am 9. Oktober 1994
Jörg Ott

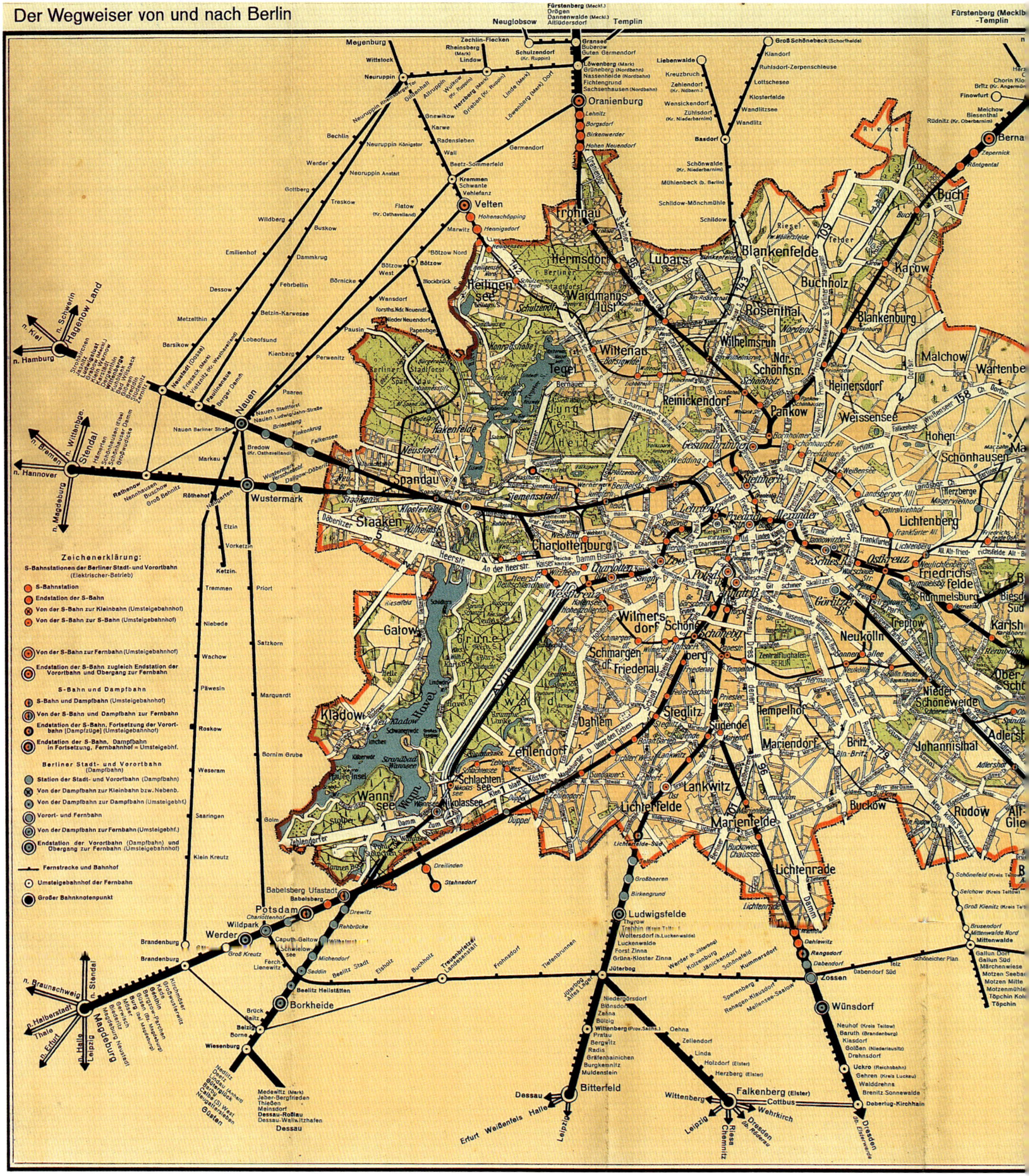
Der Wegweiser von und nach Berlin
Zeichenerklärung:
S-Bahnstationen der Berliner Stadt- und Vorortbahn
(Elektrischer-Betrieb)
S-Bahnstation
Endstation der S-Bahn
Von der S-Bahn zur Kleinbahn (Umsteigebahnhof)
Von der S-Bahn zur S-Bahn (Umsteigebahnhof)
Von der S-Bahn zur Fernbahn (Umsteigebahnhof)
Endstation der S-Bahn zugleich Endstation der Vorortbahn und Übergang zur Fernbahn
S-Bahn und Dampfbahn
S-Bahn und Dampfbahn (Umsteigebahnhof)
Von der S-Bahn und Dampfbahn zur Fernbahn
Endstation der S-Bahn, Fortsetzung der Vorortbahn [Dampfzüge] (Umsteigebahnhof)
Endstation der S-Bahn, Dampfbahn in Fortsetzung, Fernbahnhof = Umsteigebhf.
Berliner Stadt- und Vorortbahn
(Dampfbahn)
Station der Stadt- und Vorortbahn (Dampfbahn)
Von der Dampfbahn zur Kleinbahn bzw. Nebenb.
Von der Dampfbahn zur Dampfbahn (Umsteigebhf.)
Vorort- und Fernbahn
Von der Dampfbahn zur Fernbahn (Umsteigebhf.)
Endstation der Vorortbahn (Dampfbahn) und Übergang zur Fernbahn (Umsteigebahnhof)
Fernstrecke und Bahnhof
Umsteigebahnhof der Fernbahn
Großer Bahnknotenpunkt

Der nördliche Eingang des Bf Wittenau (Nordbahn) im Juli 1993.
Jörg Ott

Auf einem Stadtplan aus den 30er Jahren wird die Lage der Eisenbahnstrecken und ihrer Bahnhöfe innerhalb des Berliner Stadtgebietes deutlich.

Von dem Hochhaus an der Ecke Holzmarkt-/Alexanderstraße hat man einen herrlichen Blick über Berlin und auf die Stadtbahn.
Jörg Ott

interMED
Labor+MedTech
rechtzeitig vorsorgen - ausreichend versichern

Alle Super!

STRAUSBERG

Sonderzug
AEG
DR
DUO
S-Bahn

3
Mit S-, U- und Straßenbahn die Stadt und ihr Umland erkunden

476 067 verläßt im August 1993 den Bf Strausberg, um zum Endpunkt der Linie nach Strausberg Nord zu gelangen.
Sammlung Ott

Die Duo-S-Bahn, 485 114/115, bei einem außerplanmäßigen Einsatz am 9. Juli 1994 von Werder kommend, setzt im Bf Wannsee von den Fernbahngleisen auf die S- Bahn-Gleise um.
Jörg Ott

Was ist die Berliner S-Bahn?

Ein Charakteristikum der Berliner Eisenbahnlandschaft ist unzweifelhaft ihre Stadtschnellbahn. Das über mehrere Jahrzehnte als „Berliner Stadt-, Ring- und Vorortbahnen" bezeichnete System entstand etwa um das Jahre 1860 und erhielt mit der sog. "Elektrisierung" im Dezember 1930 den Namen "Berliner S-Bahn", der zu einem Markenzeichen wurde.

Wesentliche Merkmale der Berliner S-Bahn sind besondere Nah- bzw. Vorortgleise und die Elektrifizierung dieser Gleise für den Gleichstrombetrieb mit einer dritten Stromschiene.

Die ersten gesonderten Gleise entstanden im Jahre 1874 mit dem Bau der „Alten Wannseebahn" zwischen Zehlendorf, Wannsee und Griebnitzsee entlang der Berlin-Potsdamer Eisenbahn. Auch der Bau der neueren S-Bahnstrecken nach Ahrensfelde und Wartenberg erfolgte parallel zu den vorhandenen Fernstrecken, einerseits parallel zur Nebenbahn Berlin–Werneuchen–Wriezen und andererseits entlang dem nordöstlichen Teil des BAR.

Infolge des zunehmenden Verkehrsbedarfs im Ballungsraum Berlin wurde zwischen 1874 und 1982 auf fast allen Strecken der Berliner S-Bahn-Verkehr vom Fernverkehr getrennt. Das Zwischenschalten von Haltepunkten verdichtete das Netz der Zugangsstellen. Nur dem Nahverkehr im engeren Sinne dienend, wurde die Nord-Süd-S-Bahn in den Jahren 1933 bis 1939 errichtet.

Bau gesonderter Vorortgleise

Jahr	Eröffnung der Fernstrecke	Jahr	Eröffnung der besonderen Vorortgleise
1838	Berlin–Potsdam	1874	Alte Wannseebahn zwischen Zehlendorf–Wannsee–Griebnitzsee
		1891	Neue Wannseebahn zwischen Potsdamer Bahnhof Wannseebahnhof in Berlin und Zehlendorf
1841	Berlin–Köthen der Anhalter Bahn	1903	Potsdamer Ring- und Vorortbahnhof–Lichterfelde Ost
		1943	Lichterfelde Ost–Ludwigsfelde
1842	Berlin–Frankfurt (Oder)	1903	Schlesischer Bahnhof–Erkner

Jahr	Eröffnung der Fernstrecke	Jahr	Eröffnung der besonderen Vorortgleise
1842	Berlin–Stettin	1896	Stettiner Vorortbahnhof–Verzweigung bei Gesundbrunnen
		1916	Verzweigung bei Gesundbrunnen–Bernau (b. Berlin)
1846	Berlin–Hamburg	1909	Charlottenburg–Stadion
		1911	Stadion–Spandau
1871 und 1877	Berliner Innenring	1896	in mehreren Etappen
1867	Berlin–Küstrin	1903	Schlesischer Bahnhof–Lichtenberg-Friedrichsfelde
		1929	Kaulsdorf–Mahlsdorf
		1943	Mahlsdorf–Strausberg
1867	Berlin–Cottbus–Görlitz	1909	Treptower Park–Ausstellung (?)
			–Berlin-Schöneweide–Grünau
			Grünau–Zeuthen
1872	Berlin–Lehrte		Spandau–Staaken
1877	Berlin–Stralsund	1897	Stettiner Bahnhof–Abzweig bei Gesundbrunnen
			Abzw bei Gesundbrunnen –Hermsdorf
			Hermsdorf–Birkenwerder
			Birkenwerder–Lehnitz
			Lehnitz–Oranienburg
1879	Berlin–Wetzlar	1936	Grunewald–Wannsee
1882	Stadtbahn	1882	Schlesischer Bahnhof–Westend
1893	Berlin–Velten		nur bis Schönholz
1898		1976	Friedrichsfelde Ost–Springpfuhl
		1976	Springpfuhl–Berlin-Marzahn
		1982	Berlin-Marzahn–Ahrensfelde
		1936	S-Bf Stettiner Bahnhof–S-Bf Unter den Linden
		1939	Unter den Linden–Potsdamer Platz–Anhalter Bahnhof
		1962	Grünauer Kreuz–Zentralflughafen Berlin-Schönefeld
	BAR	1984	(Blankenburg)–Hohen Neuendorf
	BAR	1984	Springpfuhl–Hohenschönhausen
		1985	Hohenschönhausen–Wartenberg

Im zweiten Weltkrieg wurden weitere Strecken elektrifiziert und zum Teil auch getrennte Gleise errichtet (z.B. 1943 nach Strausberg). Auch die Zeit nach dem Kriege brachte eine Verlängerung des elektrischen Betriebes, z. B. nach Königs Wusterhausen, Falkensee, Staaken.

Eröffnung des elektr. Betriebes der Berliner S-Bahn

Streckenabschnitt	Aufnahme des elektr. Betriebes	Bemerkungen
Wannseebf–Wannsee	1900	1902 Versuchsbetrieb eingestellt
Niederschöneweide-Johannisthal–Spindlersfeld	1903	1906 Versuchsbetrieb mit Einphasen-Wechselstrom eingestellt
Potsdamer Ringbahnhof–Lichterfelde Ost	1903	
Stettiner Vorortbf–Bernau (b Bln)	1924	
Gesundbrunnen (Abzw SGA)–Birkenwerder	1925	
Birkenwerder–Oranienburg	1925	
Schönholz-Reinickendorf–Velten (Mark)	1927	
Charlottenburg–Schlesischer Bahnhof	1928	
Schlesischer Bahnhof–Erkner	1928	
Charlottenburg–Wannsee–Potsdam	1928	
Wannsee–Stahnsdorf	1928	

Streckenabschnitt	Aufnahme des elektr. Betriebes	Bemerkungen
Bahnhof Ausstellung–Spandau West	1928	
Charlottenburg–Halensee - Neukölln	1928	
Neukölln–Köllnische Heide - Grünau	1928	
Neukölln–Treptow–Abzw. Vsr–(Stadtbahn)	1928	
Schlesischer Bahnhof–Lichtenberg–Kaulsdorf	1928	
Niederschöneweide-Johannisthal–Spindlersfeld	1929	
Charlottenburg–Nordring–Baumschulenweg	1929	
(Nordring–) Stralau-Rummelsburg (–Stadtbahn)	1929	
Potsdamer Ringbahnhof–Abzw. Vdp (–Papestraße)	1929	
(Potsdamer Ringbahnhof–) Abzw Vdp (–Ebersstraße)	1929	Ringbahn
Halensee–Westend	1929	
Potsdamer Ringbahnhof–Lichterfelde Ost	1929	Umrüstung der Strecke
Jungfernheide–Gartenfeld	1929	
Kaulsdorf–Mahlsdorf	1930	
Potsdamer Fernbf–Zehlendorf Mitte	1933	Ferngleise für den Bankierzug
Wannseebf–Zehlendorf–Wannsee	1933	
Gesundbrunnen–Unter den Linden	1936	
Unter den Linden–Potsdamer Platz	1936	
Priesterweg–Mahlow	1939	
Potsdamer Platz–Anhalter Bf - Anschluß Wannseebahn	1939	
Anhalter Bf–Anschluß–Richtung Papestraße	1939	
Mahlow–Rangsdorf	1940	
Lichterfelde Ost–Lichterfelde Süd	1943	
Mahlsdorf–Hoppegarten	1947	
Zehlendorf–Düppel	1948	
Hoppegarten–Fredersdorf	1948	
Fredersdorf–Strausberg	1948	
Grünau–Königs Wusterhausen	1951	
Lichterfelde Süd–Teltow	1951	
Spandau West–Falkensee	1951	
Spandau West–Staaken	1951	
Jungfernheide–Siemensstadt Fürstenbrunn–Spandau	1951	
Gütergleise Schönhauser Allee–Pankow Schönhausen	1951	
Strausberg–Strausberg Nord	1956	
Grünauer Kreuz–Flughafen Berlin-Schönefeld	1962	
Friedrichsfelde Ost–Marzahn	1976	
Mahrzahn–Otto-Winzer-Straße	1980	
Otto-Winzer-Straße–Ahrensfelde	1982	
Springpfuhl–Hohenschönhausen	1984	
Hohenschönhausen–Wartenberg	1985	

Ausgehend vom Berliner Beispiel ist es möglich, eine S-Bahn wie folgt zu charakterisieren:

- Die S-Bahn ist eine Stadtschnellbahn, die innerhalb von Städten und zu ihrem Umland schnelle Verkehrsverbindungen anbietet.
- Sie ist eng mit den Eisenbahnstrecken des Ballungsraums verbunden.
- Sie besitzt eigene Gleise bzw. Gleispaare.
- Es sind besondere Fahrzeuge vorhanden, die einen schnellen Ein- und Ausstieg ermöglichen.
- Der besondere Tarif ist gegenüber dem Ferntarif verbilligt.
- Die kurzen Zugfolgezeiten setzen eine entsprechende Sicherungstechnik voraus.
- Es bestehen größere Haltestellenabstände außerorts und kleinere innerorts.

Ausnahmen sind im geringen Umfang zulässig, z. B. Mischbetrieb, sofern der Taktfahrplan nicht beeinflußt wird.

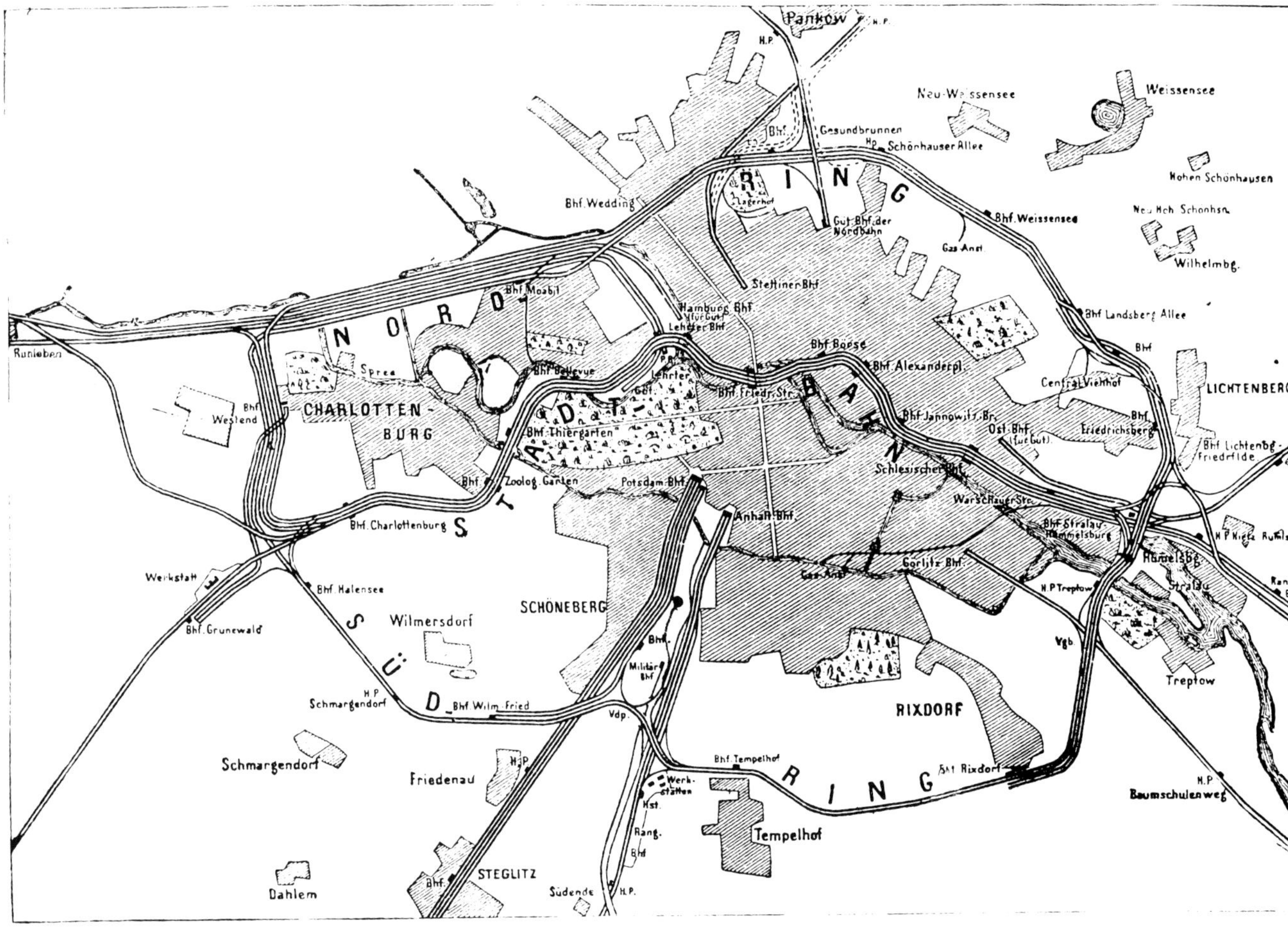

Zwei Übersichtskarten zur Entwicklung der Berliner Stadt-, Ring- und Vorortbahnen

a) Zustand Mitte der 90er Jahre, eingetragen ist auch die Fläche des bebauten Stadtgebietes, Brockhaus-Lexikon

b) etwa aus dem Jahr 1910, Röll, Eisenbahnenzyklopädie

Stadtbahnlokomotive im Bahnbetriebwerk Lehrter Bahnhof, 1932
Bellingrodt

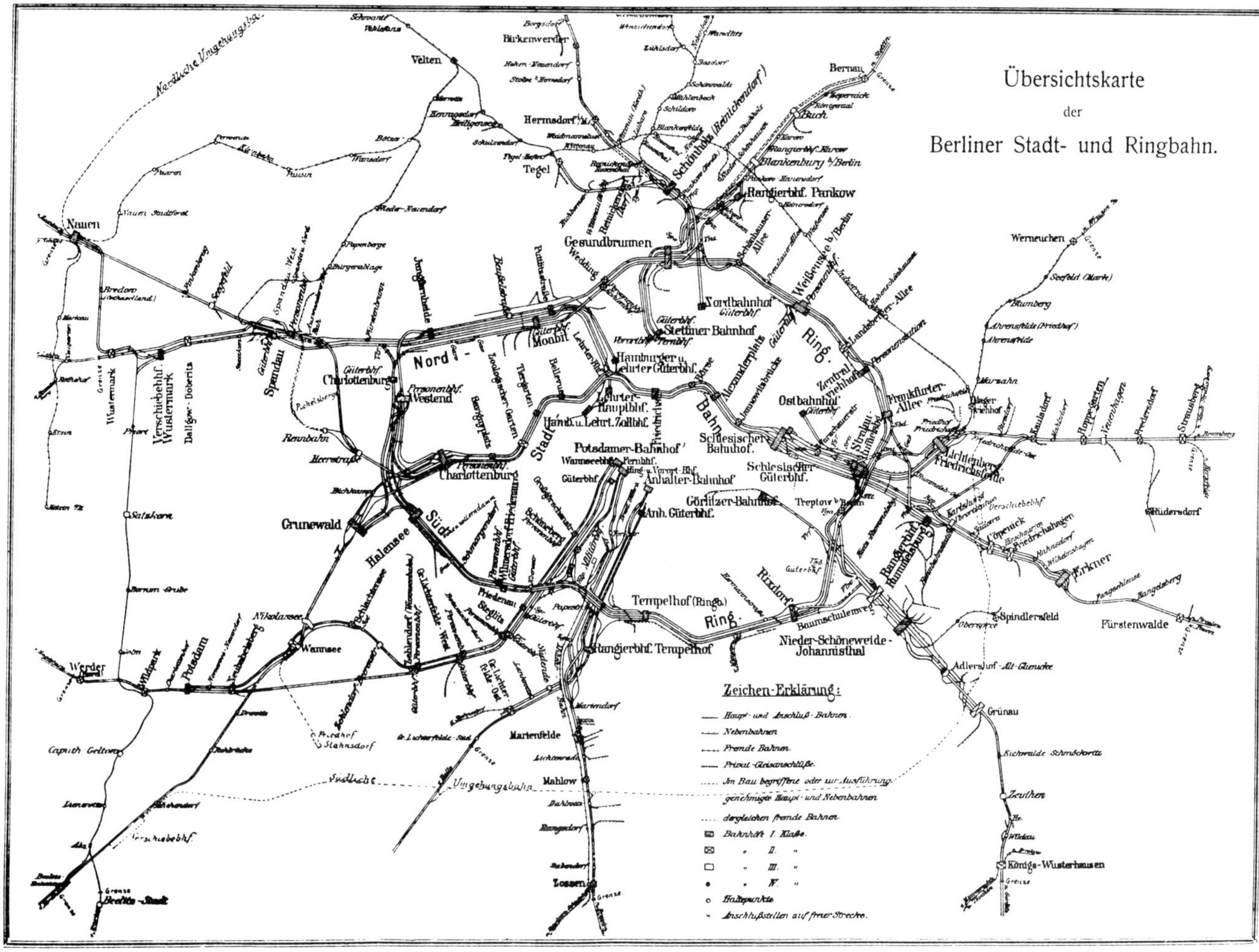

Stadtbahnlokomotive im Bahnbetriebswerk Görlitzer Bahnhof
Bellingrodt

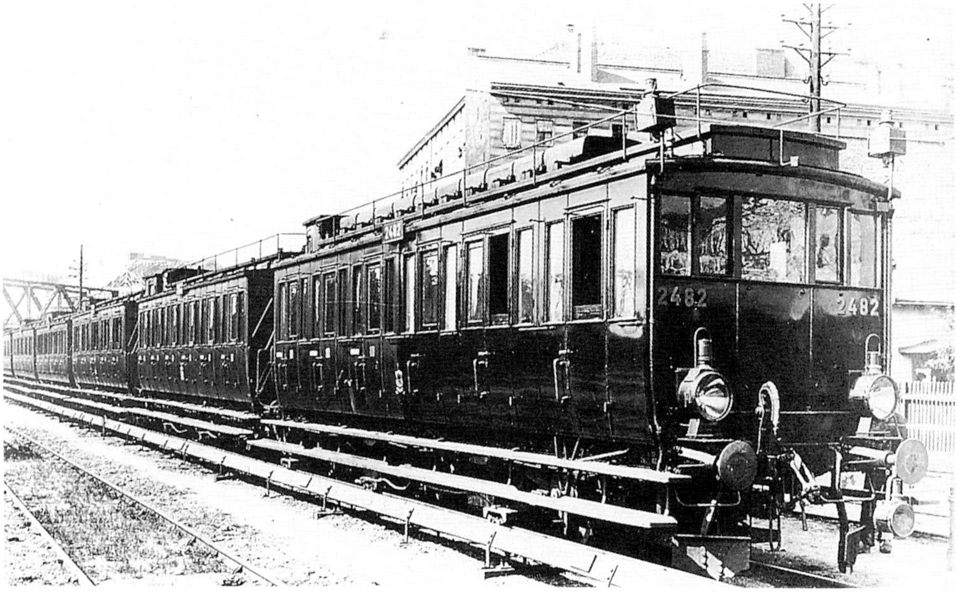

Zwischen 1900 und 1902 lief auf der Wannseebahn ein elektrischer Versuchsbetrieb mit umgebauten Abteilwagen, der Versuch sollte Aufschluß über einen Triebwagenbetrieb liefern.
Bellingrodt

S-Bahnspinne aus dem Jahre 1931

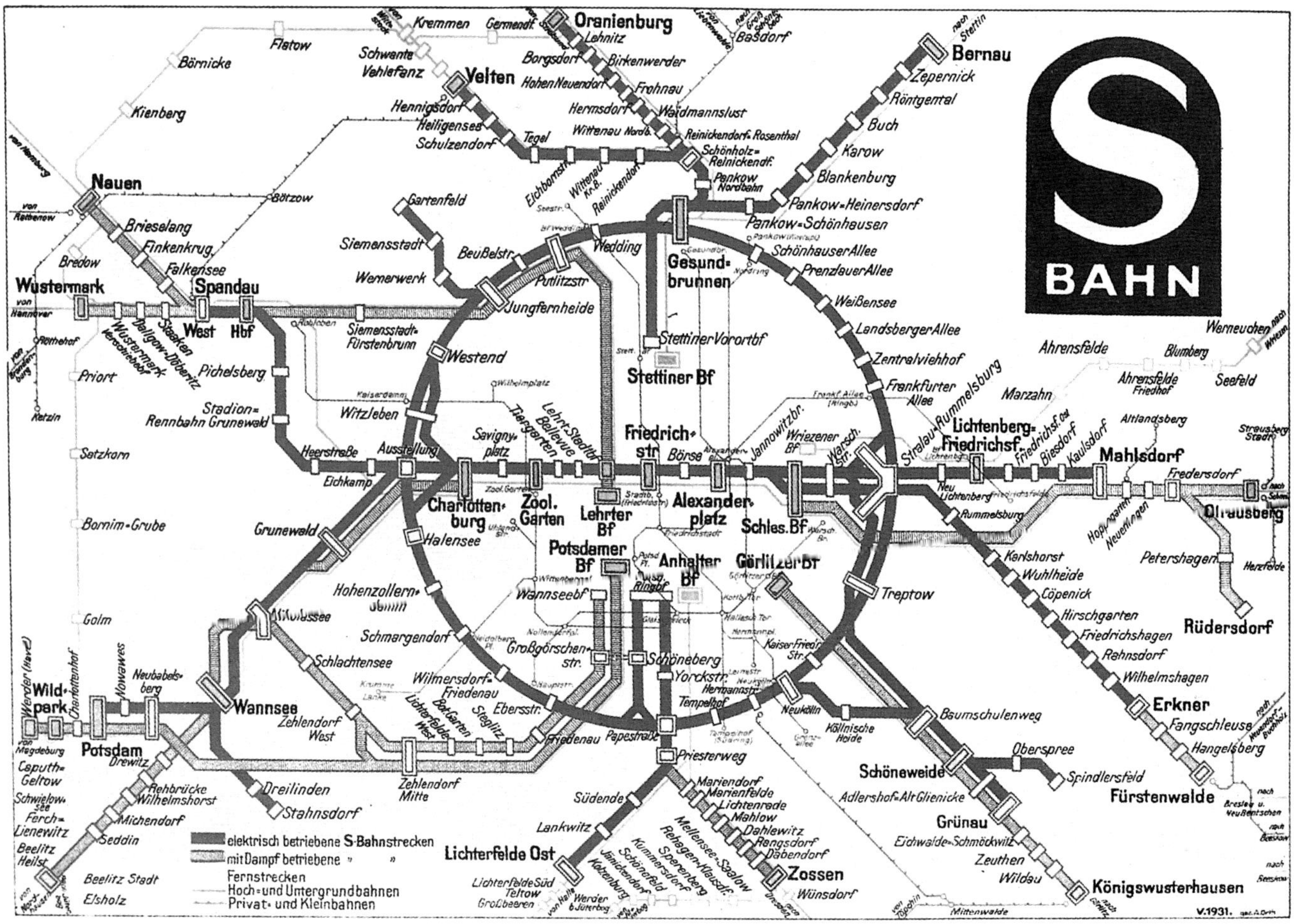

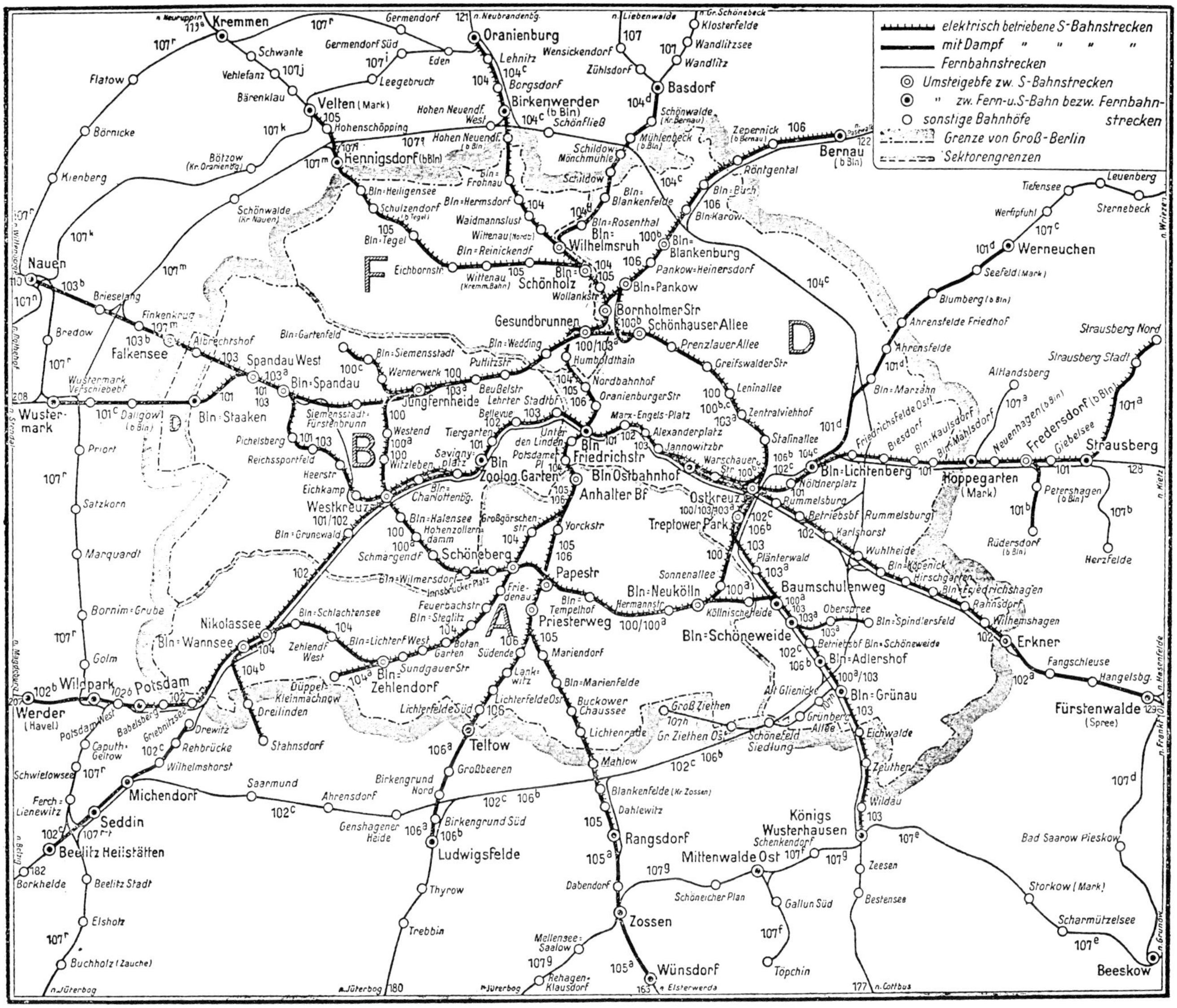

Berliner S-Bahnnetz auf einer Kursbuchkarte des Jahres 1956

Die Fahrzeuge der Baureihe 169 der Berliner S-Bahn haben noch sehr viel Ähnlichkeit mit den Abteilwagen der Preußischen Staatsbahn.
Bellingrodt

7 RE RB Region Berlin

S U Schnellbahnnetz

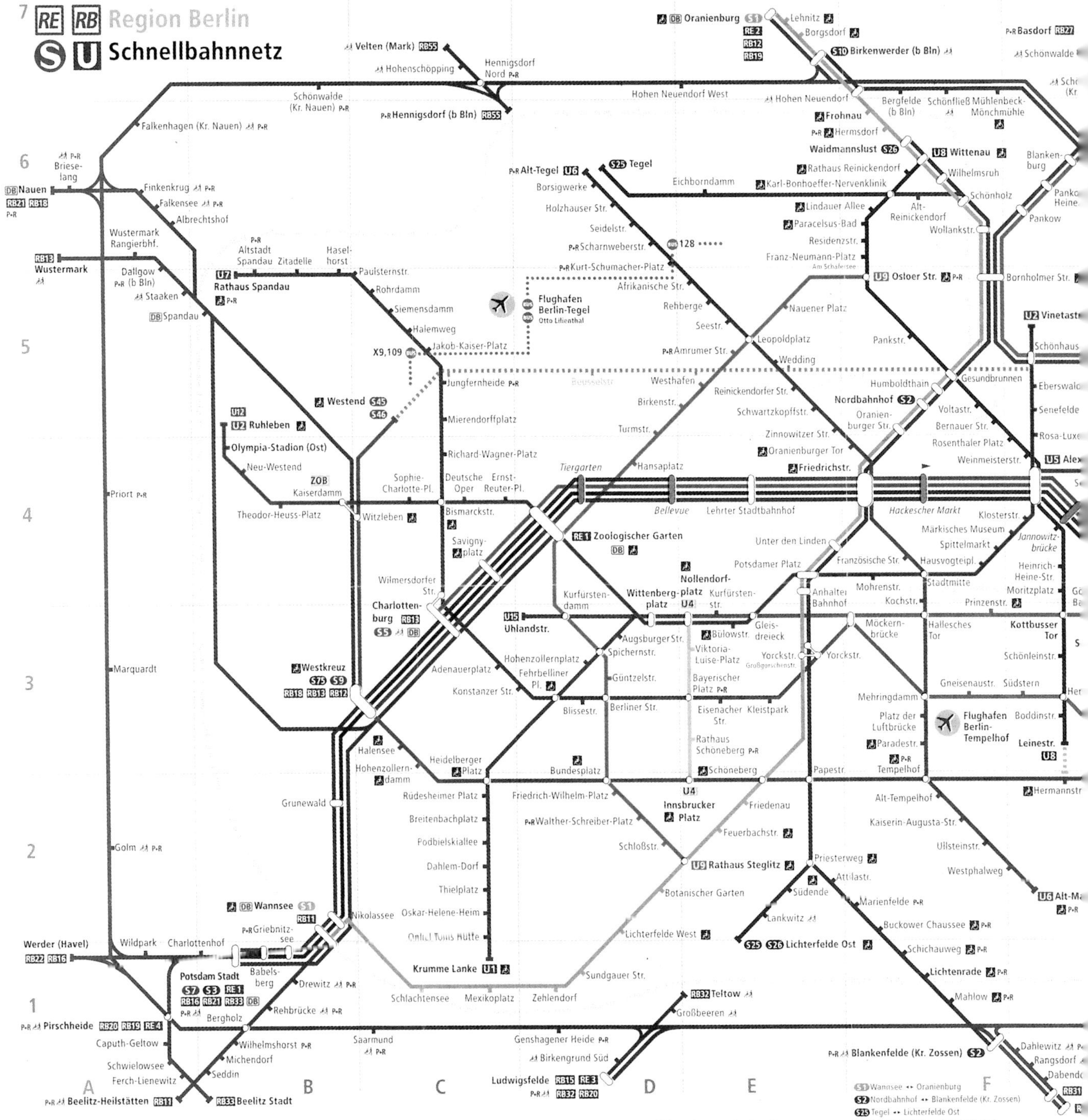

- RE1 Fürstenwalde ↔ Potsdam Stadt DB
- RE2 Königs Wusterhausen DB ↔ Oranienburg DB
- RE3 Bernau DB ↔ Ludwigsfelde
- RE4 Pirschheide ↔ Wünsdorf
- RB11 Beelitz Heilstätten ↔ Wannsee DB
- RB12 Oranienburg DB ↔ Westkreuz
- RB13 Wustermark ↔ Westkreuz od. Charlottenburg DB
- RB14 Schöneweide ↔ Königs Wusterhausen DB
- RB15 Flughafen Berlin-Schönefeld DB ↔ Ludwigsfelde
- RB16 Werder ↔ Potsdam Stadt DB
- RB17 Fürstenwalde ↔ Erkner
- RB18 Nauen DB ↔ Westkreuz
- RB19 Oranienburg DB ↔ Pirschheide
- RB20 Ludwigsfelde ↔ Pirschheide
- RB21 Nauen DB ↔ Potsdam Stadt DB
- RB22 Werder ↔ Königs Wusterhausen DB od. Karlshorst
- RB24 Wünsdorf ↔ Schöneweide
- RB25 Werneuchen ↔ Lichtenberg DB
- RB26 Strausberg ↔ Lichtenberg DB
- RB27 Basdorf ↔ Karow
- RB31 Zossen ↔ Flughafen Berlin-Schönefeld DB
- RB32 Ludwigsfelde ↔ Teltow
- RB33 Beelitz-Stadt ↔ Potsdam Stadt DB
- RB55 Velten ↔ Hennigsdorf
- S1 Wannsee ↔ Oranienburg
- S2 Nordbahnhof ↔ Blankenfelde (Kr. Zossen)
- S25 Tegel ↔ Lichterfelde Ost
- S26 Waidmannslust ↔ Lichterfelde Ost
- S3 Potsdam Stadt ↔ Erkner
- S45 Westend ↔ Flughafen Berlin-Schönefeld
- S46 Westend ↔ Königs Wusterhausen
- S5 Charlottenburg ↔ Strausberg Nord
- S6 Warschauer Str. ↔ Zeuthen

Übersichtsplan des Berliner Schnellbahnnetzes 1995/96

Auf der Ringbahn um das engere Stadtgebiet

Der Austausch von Eisenbahnwagen auf den radial in Berlin einmündenden Eisenbahnstrecken untereinander war nicht möglich. Es bestanden keine Gleisverbindungen. Im enger werdenden Netz der Eisenbahnen wurde es jedoch Mitte des 19. Jahrhunderts nötig, auch Güterwagen zwischen den Eisenbahnstrecken auszutauschen. Besonders militärische Zwänge führten zum Bau einer Verbindungsbahn (auch Verbinder genannt), ausgehend vom Stettiner Bahnhof über den Hamburger, Potsdamer, Anhalter (ab 1867 auch über den Görlitzer Bahnhof) zum Schlesischen Bahnhof. Diese Strecke war eingleisig und lag vorwiegend im Straßenniveau. Mit der Zunahme des Straßenverkehrs wurde diese Bahn allerdings zu einem Hindernis.

Eine weit um die Stadt herumführende Ringbahn sollte Abhilfe schaffen. Diese Ringbahn wurde in zwei Etappen – die östliche Hälfte zwischen Moabit und Schöneberg im Jahre 1871 und die westliche Hälfte von Schöneberg nach Moabit im Jahre 1877 – eröffnet. An den Schnittpunkten erhielt sie Verbindungsgleise zu allen Radialstrecken. Wegen der Erfahrungen beim alten Verbinder wurde die Strecke ausschließlich niveaufrei geführt. Zunächst war sie nur dem Güterverkehr vorbehalten.

Die Stadt Berlin und die anderen ehemals selbständigen Städte und Vororte entwickelten sich in ihrer Besiedlung auf diese Eisenbahnstrecke zu. Somit ist auch verständlich, daß schon ab 1. Januar 1872 der Personenverkehr begann, sehr bald weitere Stationen hinzukamen und der viergleisige Ausbau aufgenommen wurde.

Die Ringbahn ist heute noch nicht wieder durchgängig befahrbar. Zwischen Schönhauser Allee und Westend sowie zwischen Treptower Park und Neukölln haben die Bauarbeiten begonnen, um die Ringbahn zu schließen. Sie werden etwa 1997/98 zum Abschluß kommen.

Unternehmen wir trotzdem eine Fahrt auf der ca. 36 km langen Ringbahn mit der S 4, die im Jahre 1961, damals von der Zuggruppe A, in ca. 95 Minuten durchfahren wurde. Beginnen wir unsere Fahrt über den Nordring im Bahnhof Ostkreuz. Der Turmbahnhof liegt im Schnittpunkt der Ringbahn mit den Fern- und Vorortstrecken nach Erkner–Fürstenwalde (Spree)–Frankfurt (Oder), der ehemaligen Niederschlesisch-Märkischen Eisenbahn, und nach Strausberg–Küstrin, der Königlich Preußischen Ostbahn.

Die östliche Hälfte der Ringbahn wurde 1871 zunächst nur für den Güterverkehr und zu Jahresbeginn 1872 auch für den Personenverkehr zugelassen. An den Schnittpunkten der Bahnen wurden Verbindungsstrecken in Richtung Westen auf der Ostbahn zum Ostbahnhof und auf der Niederschlesisch-Märkischen Eisenbahn zum Schlesischen Bahnhof errichtet. Für den Anschlußverkehr von der Ringbahn zur Stadtbahn und umgekehrt entstand etwa in Höhe der Corinthstraße ein Haltepunkt zum Umsteigen. Mit der Fertigstellung der Berliner Stadtbahn im Jahre 1882 veränderte sich das Umsteigen. Die Verbindungskurven wurden auf die Schlesische Bahn geführt und der als Stralau-Rummelsburg bezeichnete Bahnhof im Dreieck auf der Westseite der Ringbahn errichtet. Das ist der heutige Bahnsteig A. Erkennbar sind noch die Seitenbahnsteige B und C. Das Empfangsgebäude stand am Ende des Bahnsteigs D (Bahnsteig in Richtung Lichtenberg), auf dem Fundament des kriegszerstörten Gebäudes ist ein Gleichrichter-Unterwerk für die S-Bahn errichtet worden.

Eröffnung der Ringbahnstationen

Station	Eröffnet im Jahre	Namensänderung
Ostkreuz	1882	Stralau-Rummelsburg
Frankfurter Allee	1872	Friedrichsberg, Stalinallee
Storkower Straße	1881	Centralviehhof, Zentralviehhof
Landsberger Allee	1895	Leninallee
Greifswalder Straße	1975	Weißensee, Ernst-Thälmann-Park
Prenzlauer Allee	1892	
Schönhauser Allee	1879	
Gesundbrunnen	1872	
Wedding	1872	
Putlitzstraße	1898	
Beusselstraße	1894	
Jungfernheide	1894	
Westend	1877	Charlottenburg
Witzleben	1916	
Westkreuz	1928	Ausstellung
Halensee	1879	Grunewald
Hohenzollerndamm	1910	
Heidelberger Platz	1883	Schmargendorf
Bundesplatz	1877	Wilmersdorf
Innsbrucker Platz	1935	
Schöneberg	1897	Ebersstraße
Papestraße	1901	
Tempelhof	1872	
Hermannstraße	1899	
Neukölln	1872	Rixdorf
Sonnenallee	1912	Kaiser-Friedrich-Straße, Braunauer Straße
Treptower Park	1875	Treptow
Ergänzungen:		
Köllnische Heide	1920	
Potsdamer Ringbahnhof	1891	

Der Vorortbahnhof im Jahre 1882 war in vereinfachter Form der heutige Bahnsteig E (Richtung Köpenick). Hier hielten auch die Vorortzüge nach Strausberg.

In mehreren Ausbaustufen, die bis zum Jahre 1903 dauerten, wurde die heutige Form erreicht. Das Umsteigen vom Ringbahnsteig zu den Vorortbahnsteigen im Linienbetrieb ist denkbar ungünstig. Pläne für den Umbau von Ostkreuz sind zwar vorhanden, doch ist ihre Realisierung ungewiß.

Die Fahrt geht nach Norden Richtung Gesundbrunnen. Rechts liegt das Fabrikgebäude der Knorr-Bremse, das zu einem Bürokomplex umgebaut wurde.

Der Zug erreicht den Bahnhof Frankfurter Allee, einen Umsteigeknoten zur U 5 Alexanderplatz–Hönow. Die S-Bahnstation besteht seit 1872 und hieß ursprünglich Friedrichsberg, benannt nach einem ehemaligen nahegelegenen Villenort. Der Güterbahnhof ist in den 60er und 70er Jahren zum Containerbahnhof ausgebaut worden.

Der heutige Bahnhof Storkower Straße hieß über viele Jahrzehnte Zentralviehhof (davor Centralviehhof), was auf den in den 80er Jahren des 19. Jahrhunderts errichteten Berliner Zentralviehhof hinwies, der sich bis zur Station Landsberger Allee erstreckt. Der Bau des Viehhofs war notwendig geworden, um das Schlachten von Vieh hygienisch besser unter Kontrolle zu bekommen. Der Ausgang zur Eldenaer Straße über eine der längsten Fußgängerbrücken Berlins, wird scherzhaft als „Rue de galop" bezeichnet. Der Ausgang in östlicher Richtung wurde erst mit dem neuen Wohngebiet notwendig. Er wurde in den 70er Jahren errichtet. Auf dem Bahnsteig sieht man, daß die Gütergleise von außerhalb des Ringes nach innerhalb wechseln. Das geschieht ein zweites Mal zwischen den Stationen Jungfernheide und Westend. Um die Verbindungskurven für den Stadtbahnverkehr errichten zu können, mußten die Personenverkehrsgleise am östlichen und am westlichen Ende der Ringbahn innerhalb des Ringes liegen. Nun lagen bzw. liegen jedoch wichtige Güterumschlagsstelle auf der Innenseite, dazu zählen der Zentralviehhof, die Gaswerke Danziger Straße und Charlottenburg sowie die Güterbahnhöfe des Hamburger und des Lehrter Bahnhofs. Das mußte bei der Trennung der Gütergleise von den Personenverkehrsgleisen berücksichtigt werden.

Der S-Bahnhof Landsberger Allee ist 1895 eröffnet worden. Zwischen 1952 und 1991 hieß die Station Leninallee.

S-Bahn Ostkreuz, Blick über die Bahnsteige, im Vordergrund Richtung Erkner der Musterzug der ehemaligen Baureihe 270, der Ringbahnsteig F überbrückt die Vorortbahnsteige. Um 1982.

S-Bahnhof Leninallee (heute Landsberger Allee), vor Beginn des Abrisses des zwischenzeitlichen Empfangsgebäudes

Die heutige Brücke über die Eisenbahnanlagen stammt aus den 80er Jahren. Sie wurde notwendig, um die in den 70er und 80er Jahren errichteten Wohngebiete in Marzahn und in Hohenschönhausen verkehrlich besser mit dem Zentrum verbinden zu können. Bemerkenswert sind die niveaufreien Zugänge zu den beiden Straßenbahnhaltestellen.

Die Ringbahn führte zu ihrer Entstehungszeit in einem großen Bogen um das bebaute Stadtgebiet herum. Zugleich lagen die Bahnhöfe an den Ausfallstraßen in einem gewissen Abstand von ihren Namensgebern. So auch der Bahnhof Weißensee, heute Greifswalder Straße. Man vergleiche an Hand eines Stadtplanes die Entfernung von hier zur Kirche in Weißensee einerseits und zum Alexanderplatz andererseits.

Zwischen 1986 (dem 100. Geburtstag von Ernst Thälmann) und 1993 trug die S-Bahnstation seinen Namen. In einer ca. zweijährigen aufwendigen Aktion wurden die engen Brücken beseitigt und die Greifswalder Straße in ihrer vollen Breite unter die Eisenbahnbrücken hindurchgeführt. Hinter der Station liegt ein Wohngebiet, das auf dem Gelände eines ehemaligen Gaswerkes erbaut wurde. Das Gaswerk Danziger Straße wurde 1873 errichtet und hat über 100 Jahre Stadtgas in die Haushalte Berlins, besonders im Prenzlauer Berg, geliefert. Der Kohlebahnhof war zunächst nur für das Gaswerk bestimmt („alter Bahnhof"). Der „neue Bahnhof" liegt etwa parallel zum S-Bahnsteig. Flächen, die in den 30er Jahren für einen größeren Bahnhof beräumt wurden, sind mit Trümmerschutt aufgefüllt worden (Volkspark Anton Saefkow).

Kurz vor der Einfahrt in den nächsten Haltepunkt Prenzlauer Allee, der unter Straßenniveau liegt, steht links ein Unterwerk für den Gleichstrombetrieb, wie es in den

S-Bahnhof Greifswalder Straße, Aufnahme um 1980

S-Bahnhof Prenzlauer, aus den 90er Jahren des 19. Jahrhunderts, Aufnahme um 1980

Im Zuge des Umbaus zum Nordkreuz abgerissener Zugang zum Ringbahnsteig Gesundbrunnen, 1993

Straßenansicht des neugestalteten S-Bahnhofs Westend am Tage der Wiedereröffnung des Südringes

20er Jahren zur Elektrifizierung als „Typenprojekt" gebaut wurde.

Je nach der Geländelage wurden die Ausfallstraßen unter- oder überführt. Hier an der Prenzlauer Allee wird die Straße überführt. Das noch erhaltene Empfangsgebäude entsprach in seiner Form den Gebäuden in Schönhauser Allee, Beusselstraße, Schmargendorf (heute Heidelberger Platz). Von diesen Empfangsgebäuden ist außerdem nur noch Schmargendorf vorhanden, wenngleich es auch nicht mehr für den S-Bahnverkehr genutzt wird.

Auch der S-Bahnhof Schönhauser Allee liegt im Einschnitt. Er ist 1879 eröffnet worden. Als im Sommer 1961 ein Fahren über Gesundbrunnen in Richtung Friedrichstraße mit der S-Bahn nicht mehr möglich war, wurden für den Verkehr zwischen Pankow und Alexanderplatz verstärkt U-Bahn und Straßenbahn genutzt. Zur Verbesserung des Umsteigens von und zur Hochbahn (eröffnet 1913 als Station Nordring) wurde in die Brückenfundamente ein Verbindungsgang gebaut, so daß das Überschreiten der stark befahrenen Schönhauser Allee unterbleiben konnte.

ein Kontrollbahnhof. Die für die Ringlinie über den gesamten Linienverlauf verteilten Pufferzeiten wurden nach Treptower Park und Schönhauser Allee verlegt. In dieser Zeit haben Transportpolizei und Zollverwaltung Ausweiskontrollen und Warenkontrollen vorgenommen. Für diesen Zweck war auch hinter dem zweiten Ausgang Greifenhagener Straße eine Kontrollbaracke errichtet worden.

Die Verlängerung des Bahnsteiges in Richtung Prenzlauer Allee diente zugleich auch für das Halten von S-Bahn-Zügen in Richtung Blankenburg (Zuggruppe K). Die Züge mußten hinter der Brücke Richtung Gesundbrunnen die Weichenstraße der zweigleisigen S-Bahnstrecke stromlos, d. h. mit Schwung durchfahren, um die mit Gleichstrom elektrifizierten Güterverkehrsgleise vom Innenring zum Rangierbahnhof Pankow zu erreichen. Den Schwung holte sich der Zug bei der Anfahrt auf dem hinteren Bahnsteigende. Die Zugruppe K wurde 1957 für Bedienstete von DDR-Dienststellen eingerichtet, die das

Ringbahnsteig Westkreuz, außerhalb der Halle steht ein Zug der R 5, 1994.

Heidelberger Platz, Blick auf den verschobenen Bahnsteig Richtung Schöneberg, 1994

Heidelberger Platz, Blick auf das nicht mehr für den Bahnbetrieb genutzte Empfangsgebäude, vgl. auch Prenzlauer Allee

Gebiet von Berlin (West) nicht betreten durften. Für andere Strecken, mit denen eine solche Umfahrung nicht möglich war, wurden sogenannte Durchläufer eingesetzt, die auf allen Stationen in Berlin (West) durchfuhren.

Hinter dem S-Bahnhof ging es wie bis hierher viergleisig Richtung Gesundbrunnen weiter. Vom Gütergleispaar zweigt ein Gleispaar zum Rangierbahnhof Pankow ab. Mit der Abschnürung von Berlin (West) um das Jahr 1950 wurden die Gütergleise nach Gesundbrunnen zurückgebaut. Für Kontrollzwecke wurden hier wie auch zwischen Treptower Park und Sonnenallee Seitenbahnsteige gebaut. Die S-Bahnzüge mußten bei Bedarf hier halten. Sodann durchfuhr die S-Bahn eine vielgleisige Brücke, die heute nicht mehr vorhanden ist. Das waren die Gleise für den Güterbahnhof Eberswalder Straße, der ursprünglich der Endbahnhof der Nordbahn war. Danach wurde eine Verbindungskurve vom Innenring Richtung Pankow unterquert, und dann öffnete sich der Blick auf das Bahnbetriebswerk Gesundbrunnen sowie auf den Fern- und Vorortbahnsteig.

Gegenwärtig ist dieses Areal eine große Baustelle für das Nordkreuz. Von den beschriebenen Anlagen sind zur Zeit noch der Vorortbahnsteig und das Empfangsgebäude an der Kleinen Behmstraße vorhanden. Im Zuge der Umgestaltung werden auch diese Bauten verschwinden.

Gesundbrunnen war ein Umsteigebahnhof für den Norden von Berlin. Alle Züge der Nordstrecken der S-Bahn konnten vom Ring nur durch Umsteigen in Gesundbrunnen erreicht werden. Vom Fernbahnsteig, der zwischen dem Ringbahnsteig und dem Vorortbahnsteig lag, gelangte man – insbesondere von den Bezirken Wedding und Prenzlauer Berg – in Richtung Ostseeküste. Seit 1928 besitzt der Bahnhof auch einen U-Bahnanschluß. Die heutige U 8 verkehrt zwischen Leinestraße und Wittenau.

Der Zug unterquert die Brücke der Brunnenstraße/Badstraße und überquert die Gleise der Stettiner Eisenbahn, zwei Vorortgleise, zwei Ferngleise und das Loküberführungsgleis vom Stettiner Bahnhof zum Bw Gesundbrunnen. Am Bahnhof Wedding ist die Ringbahn wieder in Hochlage. Hier ist ein Umsteigen zur U 6 (Alt-Tegel–Alt-Mariendorf) möglich. Auf der Weiterfahrt Richtung Westen überquert die Strecke der Ringbahn den Spandauer Schiffahrtskanal. An dieser Stelle liegen Stadtbahn und Ringbahn dicht beieinander. In einem großen Bogen kommen von Süden her die Gleise der Hamburger und der Lehrter Bahn und verlaufen im weiteren parallel zur Ringbahn. An dieser Stelle wird nach dem Pilzkonzept eine neue Verbindungskurve vom Lehrter Bahnhof in Richtung Gesundbrunnen für den Regional- und Fernverkehr gebaut werden. Der weitere Verlauf der Strecke wird geprägt durch Eisenbahnanlagen, ein Kraftwerk, den Westhafen, den heutigen Fleischgroßmarkt und das Gaswerk Charlottenburg.

Auf der Putlitzstraßenbrücke erinnert ein Mahnmal an die Deportation jüdischer Mitbürger in der Zeit des Nationalsozialismus. Von den nahegelegenen Ladestraßen fuhren die Züge mit ihnen in die Vernichtungslager.

Die S-Bahnstation Putlitzstraße hatte ursprünglich einen zweiten Bahnsteig. Hier hielten die Vorortzüge nach Nauen und Wustermark, die im Lehrter Bahnhof eingesetzt und mit Dampf betrieben wurden. Hier und auf der nächsten Station Jungfernheide war das Umsteigen möglich. Die Vorortzüge fuhren im 20-Minuten-Takt.

Die Strecke wird hier von der 1961 in Betrieb genommenen U 9 (Osloer Straße–Rathaus Steglitz) unterquert.

Innenansicht des Ringbahnsteigs Schöneberg

Die Station heißt Westhafen, es ist anzunehmen, daß bei der Wiedereröffnung des Nordringes die S-Bahnstation Putlitzstraße denselben Namen erhalten wird.

Der folgende Bahnhof Jungfernheide hatte drei Bahnsteige, wovon zwei für den Ringbahnverkehr und für die 1930 in Betrieb genommene Siemensbahn nach Gartenfeld genutzt wurden. Der dritte Bahnsteig diente den Zügen nach Nauen und Wustermark. Dieser Bahnsteig ist mit der Elektrifizierung der Strecke nach Spandau West im Jahre 1951 mit Stromschienen ausgerüstet worden. Die Ringbahn überquert sodann die Spreeschleusen und die Streckengleise der Hamburger und der Lehrter Bahn in einem großen Bogen nach Süden. Das ist der charakteristische Radius des als Hundekopf bezeichneten S-Bahn-Innenrings. Rechts und links der S-Bahngleise befinden sich die umfangreichen Gleisanlagen des Güterbahnhofs Charlottenburg. In den 50er und 60er Jahren wurde entlang dem Ring die Stadtautobahn, die heutige A 100, gebaut. Von der S-Bahn aus ist die ehemalige Nordwestbogenbrücke (heute Rudolf-Wissel-Brücke) zu sehen.

Der Zug erreicht den Bahnhof Westend, der drei Bahnsteige besitzt. Der östliche Bahnsteig war während der Dampfbahnzeit für die Stadtbahnzüge bestimmt. Das Empfangsgebäude steht unter Denkmalschutz und wird nicht mehr für den Personenverkehr genutzt. An seine Stelle sind im Laufe der Südringsanierung zwischen 1987 und 1993 beiderseits der Spandauer Straße gesonderte Zugänge zu den unter die Brücke verschobenen Bahnsteigen errichtet worden.

Von hier besaß der S-Bahnring zwei Gleispaare. Ein Paar stellte die Verbindung zur Stadtbahn über Witzleben nach Charlottenburg und das andere ebenfalls über Witzleben nach Westkreuz her. Die erste Verbindung ist seit Kriegsende nicht mehr in Betrieb. Die zweite wurde im Dezember 1993 wieder in Betrieb genommen. Bei der Weiterfahrt Richtung Westkreuz achte man auf die Kaiserdammbrücke. Unterhalb der Straße kann man gelegentlich einen U-Bahnzug der Linie U 2 (Vinetastraße–Ruhleben) beobachten.

Rechts und links der Eisenbahnanlagen befinden sich heute die Richtungsfahrbahnen der Stadtautobahn (A 100). Bei der Weiterfahrt hat man rechts einen Blick auf Funkturm und ICC, und links sind noch die Verbindungskurven zur Stadtbahn zu erahnen. Der Bahnhof Westkreuz ist – im Gegensatz zum Bahnhof Ostkreuz – ein Musterbeispiel für gute Umsteigemöglichkeiten. Der breite Ringbahnsteig ist „eingehaust", und man kann durch die Seitenscheiben der Stahlhallenkonstruktion auf die beiden unteren Vorortbahnsteige, die im Richtungsbetrieb betrieben werden, und auf den provisorischen Regionalbahnsteig der R 5, Westkreuz–Nauen, blicken. Schaut man in Richtung Osten auf die Vorortbahnsteige, erkennt man Futtermauern, die für die Aufnahme eines weiteren Ringbahnsteiges vorgesehen waren.

Der Bahnhof Westkreuz ist erst 1928 im Zuge der „Großen Elektrisierung" gebaut worden. Zwischen der Stadtbahn und den Strecken nach Wannsee bestanden zwar seit 1882 Verbindungskurven, zudem existierten die Verbindung vom Nordring nach Grunewald und die Gütergleise, aber erst im Jahre 1928 wurde mit der Eröffnung des Bahnhofs Ausstellung (wegen des nahegelegenen Ausstellungszentrums am Funkturm so genannt) eine Umsteige- und Einsteigemöglichkeit für den Stadt- und Vorortverkehr geschaffen.

Der Bahnhof Halensee vereinigt die abzweigende Strecke von Charlottenburg und die Ringbahnstrecke. Es folgen die Stationen Hohenzollerndamm mit einem schönen Jugendstil-Empfangsgebäude und Heidelberger Platz (ehemals Schmargendorf). Das letztere Empfangsgebäude beherbergt heute eine Diskothek. Zum S-Bahnsteig gelangt man von der Mecklenburgischen Straße aus über im Rahmen der Südringsanierung neu gebaute Zugänge. Neu ist auch der direkte Zugang zum Untergrundbahnhof gleichen Namens (Linie U 1 Schlesisches Tor–Krumme Lanke).

Der folgende S-Bahnhof Bundesplatz ist ein Neubau der letzten Jahre. Der ursprüngliche Bahnhof Wilmersdorf lag westlich davon. Der Neubau entstand als Umsteigepunkt zur U-Bahnstation Bundesplatz der U 9.

Am S-Bahnhof Innsbrucker Platz kann man zur 1910 eröffnete U-Bahnlinie Innsbrucker Platz–Nollendorfplatz (heute U 4) umsteigen. An der Geschichte dieser Station wird deutlich, wie dynamisch die Entwicklung des Berliner S-Bahn-Netzes ist. Innsbrucker Platz wurde 1935 eröffnet, als der neue Turmbahnhof Schöneberg als Ersatz für den Bahnhof Ebersstraße, dessen Empfangsgebäude übrigens als Ausgang weiterhin genutzt wird, in Betrieb genommen wurde.

Der Bahnhof Schöneberg vermittelt die Beziehungen zwischen der Wannseebahn und der Ringbahn. Er zählt in seiner Architektur neben Westkreuz zu den Bauten der Deutschen Reichsbahn aus den 20er und 30er Jahren, wie sie heute mit ihren aufwendigen Hallenkonstruktionen für Stadtschnellbahnen nicht mehr üblich ist.

Nach Verlassen des Bahnhofs erscheint links der Schöneberger Gasometer. Er ist ein weithin sichtbarer Orientierungspunkt. Unmittelbar neben dem Gasometer sind noch die Bahndämme für die Gleise von der Ringbahn in Richtung Norden zum Potsdamer Ring- und Vorortbahnhof vorhanden. Es war zur Dampfbahnzeit im Berliner Stadt-,

Am Eröffnungstag auf dem Ringbahnsteig Papestraße aufgenommen

Bahnhof Hermannstraße 1915 LB

Ring- und Vorortverkehr üblich, viele Direktverbindungen zu haben. Umsteigepunkte entstanden erst spät wie z. B. Westkreuz.

Auf der Ringbahn gab es ursprünglich keine Vollringzüge. Über die Stadtbahn und die Ringbahn verkehrten sog. Halbringzüge und stellten so viele direkte Verbindungen her. Viele Jahre waren die Züge zum Potsdamer Ring- und Vorortbahnhof die schnellste Verbindung zwischen vielen an der Ringbahn gelegenen Orten und dem Zentrum von Berlin am Potsdamer Platz. Im fußläufigen Ein-

S-Bahnhof Hermannstraße 1994

Empfangsgebäude des S-Bahnhofs Köllnische Heide, 1994

zugsbereich dieses Bahnhof lagen Regierungsstellen und andere Behörden. Hier begann die Einkaufsstraße des alten Berlin, die Leipziger Straße.

Die Ringbahnstation Papestraße wurde im Jahre 1901 in Betrieb genommen. Hier kann man in die S 2 nach Blankenfelde und in die S 25/S 26 nach Lichterfelde Ost umsteigen. Nach den Planungen des Pilzkonzepts wird es hier wie am Bahnhof Berlin-Gesundbrunnen auch einen Fern- und Regionalbahnhof für die Nord-Süd-Richtung geben.

Nördlich des Bahnhofs Papestraße lagen die Kasernenbauten der ehemaligen Militäreisenbahn. Die Militäreisenbahn wurde 1875 im Zusammenhang mit der Berlin-Dresdener Eisenbahn eröffnet. Sie war eingleisig und verlief zwischen Schöneberg und Zossen westlich der Berlin-Dresdener Hauptbahn.

Es folgt das S-Bahn-Betriebswerk Papestraße, das im Zuge der Südringsanierung ebenfalls modernisiert wurde.

Der S-Bahnhof Tempelhof ist ein Umsteigebahnhof zur U-Bahnlinie U 6 Alt-Tegel–Alt-Mariendorf, die bereits am Bahnhof Wedding berührt wurde. Die Fahrt verläuft weiter am Flughafen Tempelhof vorbei. Er entstand auf dem Tempelhofer Feld, das einst Paradeplatz für die kaiserlich-deutsche Armee war. Mit der technischen Weiterentwicklung der zivilen Luftfahrt nach dem ersten Weltkrieg wurde Tempelhof der Zentralflughafen von Berlin. Nach dem zweiten Weltkrieg war Tempelhof zunächst der einzige Flugplatz für die unkontrollierte Ein- und Ausreise von und nach Berlin (West). Ein Teil war Militärflugplatz der amerikanischen Berlin-Brigade. Nach Eröffnung des Flugplatzes Tegel ist seine Bedeutung zurückgegangen. Im Verein mit Tegel und Schönefeld wird er weiterhin für die zivile Luftfahrt genutzt. Über seine Schließung sowie über eine Nutzung für den Wohnungsbau bestehen Planungsabsichten.

Der S-Bahnhof Hermannstraße erhält gegenwärtig einen U-Bahnhof der Linie U 8, die zur Zeit noch an der Station Leinestraße endet. Auf der Südseite lag der Bahnsteig für die Personenzüge der 1901 eröffneten Neukölln-Mittenwalder Eisenbahn.

Am S-Bahnhof Neukölln wird die U 7 (Rudow–Rathaus Spandau) gekreuzt. Neukölln hieß bis 1912 als selbständige Stadt Rixdorf. Hinter dem Bahnhof Neukölln zweigt die Verbindungsstrecke nach Baumschulenweg über Köllnische Heide ab. Über sie verkehren heute die Züge der S 45 und S 46 von Westend in Richtung Schöneweide.

Bei einer Fahrt auf dieser Strecke kann man auf die Bauarbeiten zur Wiederherstellung der Ringbahn in Richtung Treptower Park am S-Bahnhof Sonnenallee schauen, die voraussichtlich 1997 abgeschlossen sein sollen. Das Empfangsgebäude des S-Bahnhofs Sonnenallee ist bereits vor einigen Jahren aus dem Fonds der Verwaltung des ehemaligen Reichsbahnvermögens (VdeR) restauriert worden.

An der Überquerung der Ringbahn über die Kiefholzstraße ist ein S-Bahnhof geplant. Die Fahrt geht vorbei am Güterbahnhof Treptow, der noch im Bezirk Neukölln liegt. Anschließend folgt das ehemalige Grenzgebiet. Wenn die Ringbahnlücke geschlossen sein wird, ist sicherlich von der Mauer nichts mehr zu sehen. Im Bereich dieser Grenzanlagen wurde noch bis in die 70er Jahre der Anschluß in Richtung Görlitzer Bahnhof für Kohlezüge bedient. Unser Zug nähert sich nun dem Verzweigungsbauwerk südlich des S-Bahnhofs Treptower Park. Im Rahmen der Wechselstromelektrifizierung ist die Anlage so umgebaut worden, daß die Wiederherstellung des alten Zustandes eines größeren Aufwandes bedarf. Der S-Bahnhof Treptower Park selbst besitzt zwei Richtungsbahnsteige. Die Außengleise dieser Bahnsteige wurden in der Regel von den Ringbahnzügen befahren und die Innengleise von den Zügen Stadtbahn–Richtung Schöneweide.

Nach Überquerung der Spree folgt das niveaufreie Überwerfungsbauwerk für die Züge in Richtung Stadtbahn und unmittelbar danach der Bahnhof Ostkreuz, der Ausgangspunkt unserer fiktiven Fahrt auf dem Berliner Innenring.

Ein Fahrt mit der S-Bahn zwischen Ost- und Westkreuz

Im Gegensatz zur Ringbahn ist seit 1990 eine S-Bahnfahrt auf der gesamten Stadtbahn wieder möglich. Wie bereits ausgeführt, ist die Stadtbahn zwischen dem Schlesischen Bahnhof und Charlottenburg mit getrennten Gleisen einerseits für den Fern- und Vorortverkehr (südliches Gleispaar) und andererseits für den Local- oder Stadtbahnverkehr errichtet worden. Besonders zwischen dem heutigen Hauptbahnhof und dem Bereich östlich der unteren Bahnsteige des Turmbahnhofs Ostkreuz hat es mehrere Veränderungen ergeben. Die wesentlichste ist die Verlängerung der Stadtbahngleise vom Schlesischen Bahnhof nach Lichtenberg-Friedrichsfelde. Hauptsächlicher Grund war die räumlich Enge im Schlesischen Bahnhof, die eine Erweiterung der Behandlungsanlagen für den Stadtbahnverkehr nicht mehr zuließ. Die Gleise wurden bis Lichtenberg verlängert, und hinter dem Bahnhof wurde eine Wagenbehandlungsanlage, das heutige S-Bahn-Betriebswerk Friedrichsfelde, gebaut. In diesem Zusammenhang erhielt Ostkreuz auch den heutigen Bahnsteig D. Im Gegensatz zum Turmbahnhof Westkreuz werden die unteren Bahnsteige D und E im Linienbetrieb betrieben: vom Bahnsteig D in Richtung Berlin-Lichtenberg und vom Bahnsteig E in Richtung Friedrichshagen.

Westlich dieser beiden Bahnsteige und oberhalb von ihnen befindet sich der letzte von ehemals drei Bahnsteigen, die bereits 1882 mit der Eröffnung der Stadtbahn die Umsteigeverbindung zwischen den Nordring- und den Südringzügen herstellten. Die beiden Außenbahnsteige sind nur noch zu erahnen. Sie dienten den Zügen von der Stadtbahn in Richtung Treptower Park bzw. vom Nordring in Richtung Stadtbahn. Nur noch Fundamentreste am westlichen Ende des Bahnsteigs weisen auf das ehemalige Empfangsgebäude des Bahnhofs Stralau-Rummelsburg hin, wie der Bahnhof Ostkreuz bis 1933 hieß.

Der S-Bahnhof Warschauer Straße besitzt drei Bahnsteige, die ebenfalls im Linienbetrieb befahren werden. Dabei können auf dem nördlichen Bahnsteig C, der erst Mitte der 80er Jahre in Betrieb genommen wurde, haltende Züge auch vom Bahnsteig B aus betreten bzw. verlassen werden. Nördlich vom Bahnhof befindet sich ein Ausbesserungswerk, das von der Königlich Preußischen Ostbahn errichtet wurde und jahrelang für die Ausbesserung von Kühlwagen und Kühlzügen zuständig war. Seit der Aufnahme des InterCityNight-Verkehrs (ICN) mit Talgo-Zügen werden diese hier gewartet.

Südlich des Bahnhofs Warschauer Straße beginnt seit 1995 wieder die U 1, deren Endpunkt Warschauer Brücke völlig saniert worden ist.

Auf der Fahrt in Richtung Hauptbahnhof ist links und rechts eine große Eisenbahnlandschaft zu sehen. Nördlich ist es der heute als Wriezener Bahnhof bezeichnete Güterbahnhof, der zur Ostbahn gehörte und der einige Jahrzehnte besonders für die Kartoffelentladung genutzt wurde. Auf der südlichen Seite liegt der Ostgüterbahnhof (ehemals Schlesischer Güterbahnhof).

Der S-Bahnverkehr wechselt durch ein Tunnelbauwerk

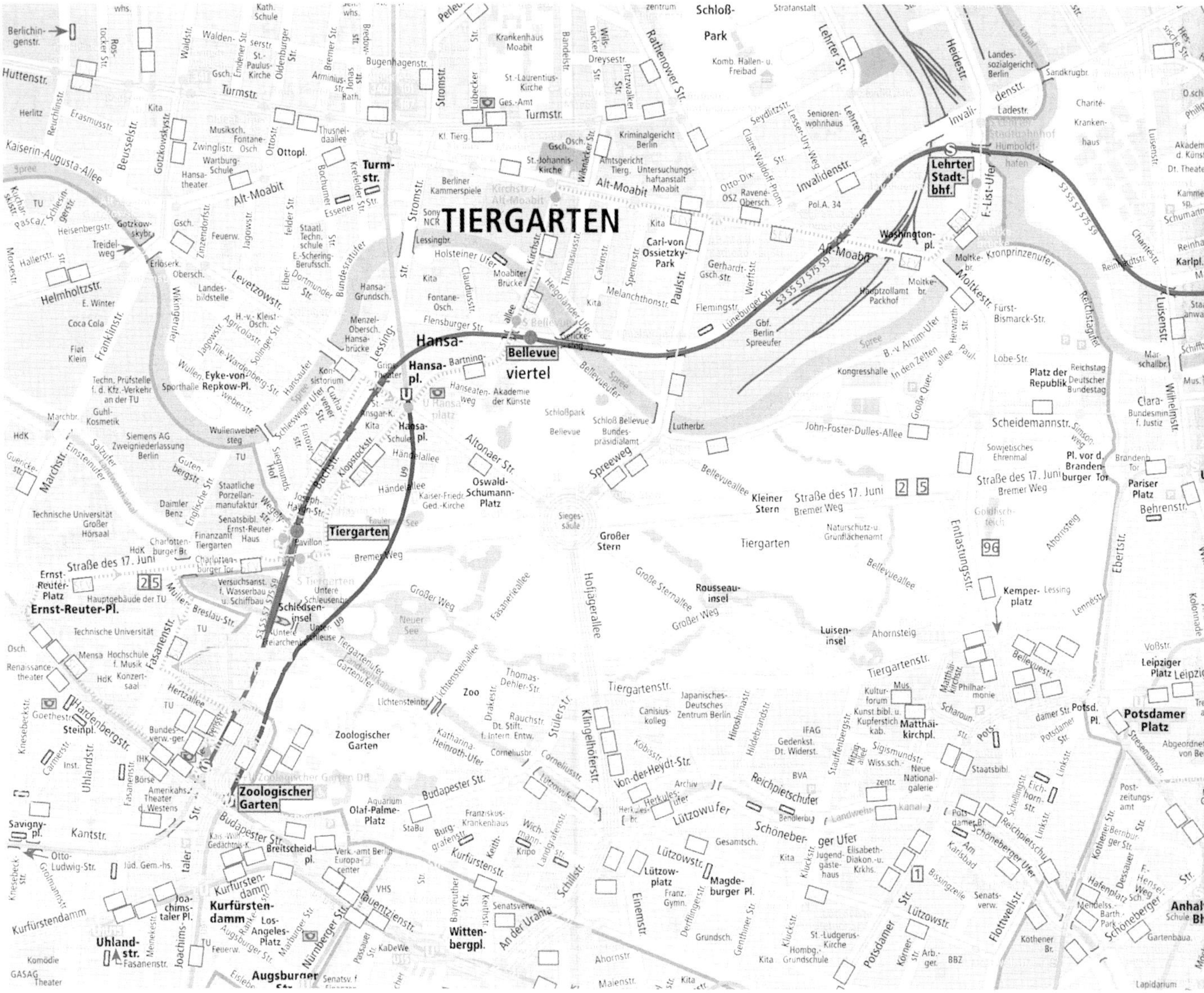

Zwischen 1994 und 1997 wird die Berliner Stadtbahn erneuert, der veröffentlichte Plan zeigt den Verlauf der Stadtbahn zwischen Hauptbahnhof und Zoologischer Garten.

vom Linienbetrieb in den Richtungsbetrieb, d. h., die beiden S-Bahnsteige im Hauptbahnhof sind getrennt für Züge in Richtung Osten und in Richtung Westen.

Westlich vom Hauptbahnhof befindet sich auf der rechten Seite an der Andreasstraße die ehemalige Firma Pintsch. Ihr Firmengründer Julius Pintsch ist der Erfinder der Eisenbahnbeleuchtung.

Die Stadtbahn ist im folgenden durch viele Krümmungen gekennzeichnet. Als vor mehr als 100 Jahren der Verlauf der Strecke bestimmt werden sollte, fehlte es u. a. am Platz. Man behalf sich zwischen der Kreuzung mit der Holzmarktstraße und der Spreeüberquerung am heutigen S-Bahnhof Hackescher Markt auf außergewöhnliche Weise.

Der Streckenabschnitt ab der Michaelbrücke (die Michaelkirche ist im Hintergrund zu sehen) und der Bahnhof Jannowitzbrücke sind im Spreebett gebaut worden. Ein Blick von der Jannowitzbrücke bzw. der Michaelbrücke gibt davon einen Eindruck, wenn auch die Bögen heute zugemauert sind. Am S-Bahnhof Jannowitzbrücke ist ein

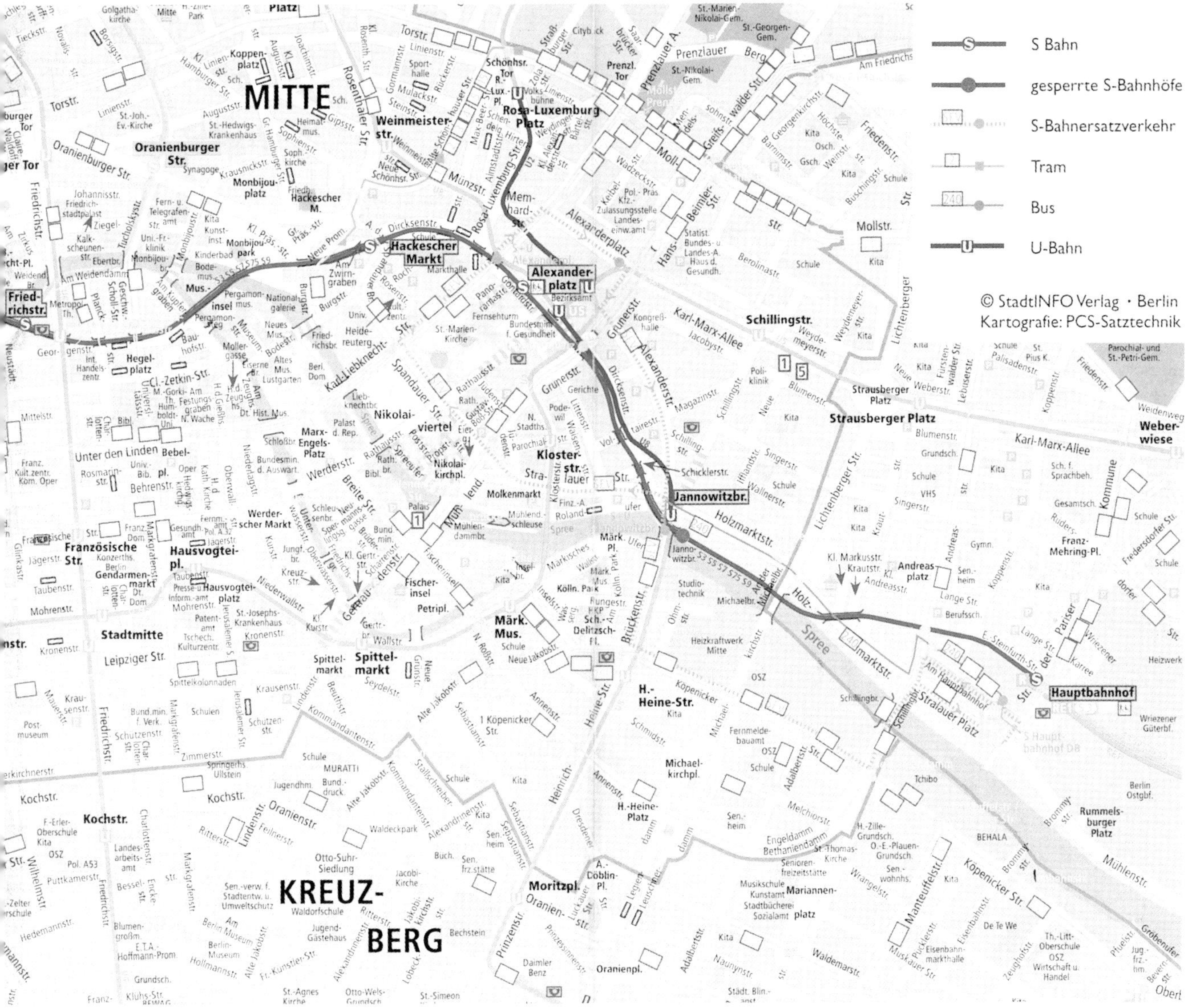

Umsteigen in die U 8 möglich. Die ursprünglich gemauerten Bögen und die Brücken sind im Zuge der Stadtbahnsanierung in den 20er Jahren durch Stahlbrücken ersetzt worden.

Das Hafenbecken der Spree am S-Bahnhof Jannowitzbrücke war ehemals der zentrale Hafen für die Berliner Fahrgastschiffahrt. Nach dem Bau der Mauer hatte sich auch hier das Bild geändert. Der Hafen Treptow, der bis 1989 diese Aufgabe wahrnahm, hat nun wieder an Bedeutung verloren.

Im Anschluß an den Bahnhof Jannowitzbrücke ist die Stadtbahn auf dem ehemaligen Festungsgraben gebaut worden, der seinerzeit der einzige freie Raum war. Er hieß Königsgraben (am Bahnhof Alexanderplatz) und Zwirngraben (am S-Bahnhof Hackescher Markt) und mündete gegenüber der Museumsinsel in die Spree.

Der Bahnhof Alexanderplatz ist der zentrale Umsteigeknoten am östlichen Rand des alten Berliner Stadtzentrums. Hier trafen sich fast alle Landverkehrsmittel. Der erste Pferdeomnibus fuhr hier 1846, und 1877 wurde die Pferde-Eisenbahn von hier nach Weißensee eröffnet. Die erste U-Bahnstrecke von Spittelmarkt nach Schönhauser Allee wurde 1913 eröffnet. In den 60er und 70er Jahren verkehrte auch der Obus über den Platz. Die letzte Straßenbahn fuhr 1969. Neuere Planungen sehen vor, daß sie wieder den Platz queren wird. Der Bahnhof Alex-

Am Savignyplatz herrscht Dampfbetrieb auf der Berliner Stadtbahn, Frühsommer 1928, . . Bellingrodt

anderplatz war auch ein Fernbahnhof. Nach dem Krieg und der veränderten Funktion der Stadtbahn im System des Berliner Fernverkehrs hielten die Fernzüge über die Stadtbahn hier nicht mehr. Für einige Jahre wurde ein Gleis des Fernbahnsteigs zum S-Bahngleis Richtung Osten. Im Vorfeld der bis 1997 laufenden Stadtbahnsanierung wurde dieses S-Bahngleis wieder auf den anderen Bahnsteig verlegt. Zukünftig ist vorgesehen, daß hier die Züge des Regionalverkehrs halten werden. Bis 1997 halten die S-Bahnzüge in beiden Richtungen. Das aber wird erst nach Abschluß der Stadtbahnsanierung möglich sein. Die Halle ist nach den Kriegsschäden mit den alten Bindern modern aufgebaut. Auch die Treppen und die Viadukträume sind modern. Auf den Wiederaufbau des Empfangsgebäudes an der Dircksenstraße wurde verzichtet. Mit dem Straßennamen wurde der Erbauer der Berliner Stadtbahn Dircksen geehrt.

Dort wo heute die breite Karl-Liebknecht-Straße die Stadtbahn unterquert, lag auf der westlichen Seite die Berliner Zentralmarkthalle. Ein moderner Neubau ist unweit dieser Stelle zu erkennen. Die Zentralmarkthalle war eine beliebte Einkaufsstätte im Zentrum Berlin. Sie ist 1886 eröffnet worden und besaß den einzigen Güteranschluß auf der Stadtbahn. Im Zuge der Neugestaltung des Alexanderplatzes wurde die Halle 1969 abgerissen.

Die folgende Station Hackescher Markt ist 1882 als Bahnhof Börse eröffnet worden. Sie befindet sich weitgehend im ursprünglichen Zustand. Als Beispiel für die Architektur in der Entstehungszeit der Stadtbahn ist das Bauwerk denkmalgeschützt. Der ursprünglich Name weist auf die alte Berliner Börse hin, die gegenüber dem Berliner Dom, etwa an der Stelle des heutigen Hotels, stand.

Am S-Bahnhof trifft sich heute eine Vielzahl von Straßenbahnlinien. Er ist der größte Umsteigeknoten von der S-Bahn zur Straßenbahn.

Hinter dem S-Bahnhof verläuft die Stadtbahn über die Museumsinsel. Von hier sind wesentliche Bauten des alten Berlin zu erkennen. Auf der linken Seite der Berliner Dom, das Alte Museum und die Nationalgalerie, auf der rechten Seite die Berliner Synagoge. Davor liegt der Monbijoupark, dessen Schloß infolge von Kriegsschäden abgerissen wurde. Bei der Fahrt über den Spreearm ist noch die vermutlich letzte Steinbrücke aus der Bauzeit der Stadtbahn in Betrieb. Die Fahrt über die Museumsinsel erfolgt zwischen zwei Museen, links das Pergamonmuseum mit dem weltberühmten Altar von Pergamon und rechts das Bode-Museum u. a. mit dem Ägyptischen Museum.

Auf der rechten Seite kann man jetzt auf den Hof einer ehemaligen Kaserne schauen. Hier waren Grenztruppen untergebracht, und die Sicht war durch eine Holzblende verwehrt. Auf der linken Seite erkennt man die Rückseite des Hauptgebäudes der 1810 gegründeten Humboldt-Universität. Etwas versteckt ist die alte Staatsbibliothek auszumachen.

Im Zusammenhang mit dem Umbau des Bahnhofs Friedrichstraße in den 20er Jahren wurden auch die Viaduktbögen zwischen der Museumsinsel und dem Bahnhof erneuert. In diese Bögen ist der Berliner Flohmarkt eingezogen. Andere Stadtbahnbögen zwischen der

aber der elektrische Antrieb kündigt sich mit einem Probebetrieb mit der späteren Baureihe 165 an, Frühsommer 1928. Bellingrodt

Museumsinsel und der Gaststätte sind vorwiegend mit Geschäften belegt, die vom Hochbahnhof Nollendorfplatz hierher gezogen sind, weil sie dort wegen der Wiederinbetriebnahme der U 2 ausziehen mußte. Überwiegend wird Trödel angeboten. Aber auch eine Buchhandlung und andere Gaststätten haben sich hier angesiedelt. So werden auch im Ostteil der Stadt die Viaduktbögen der Stadtbahn wieder mit Leben erfüllt. Planungen auch für andere Viadukte der Strecke sehen interessante Nutzungen vor. Im Westteil der Stadtbahn ist das schon verbreitet.

Wie erwähnt, ist der Bahnhof Friedrichstraße in seiner jetzigen Form in den 20er Jahren entstanden. Dabei erhielt der Fernverkehr einen zweiten Bahnsteig. Nach dem zweiten Weltkrieg wurde ein Bahnsteig wegen des zurückgegangenen Fernverkehrs und der Kontrollen auf der S-Bahn Richtung Berlin (West) bis 1961 für den S-Bahnverkehr genutzt. Nach dem Bau der Berliner Mauer wurde der S-Bahnverkehr auf dem Bahnhof unterbrochen. Der nördliche Bahnsteig war Endstation für die Züge aus dem Osten und der ehemalige Fernbahnsteig der Endpunkt für die Züge aus dem Westen. Ein Übergang war nur über die Grenzabfertigung möglich. Am 1. Juli 1990, dem Tag der Währungs-, Wirtschafts- und Sozialunion, wurde der durchgehende S-Bahn-Verkehr zwischen den beiden Stadthälften als erste S-Bahnverbindung über den Bahnhof Friedrichstraße wieder aufgenommen. Der Bahnhof ist auch Umsteigebahnhof zur 1923 eröffneten U 6 und zur 1936 eröffneten Nord-Süd-S-Bahn mit den Linien S 1, S 2, S 25 und S 26.

Der Zug überquert die Spree, und man schaut dem Flußlauf entlang auf das Reichstagsgebäude, dessen Umbau für die Aufgaben des Bundestages begonnen hat. Die Wohnhäuser rücken dicht an die Stadtbahn heran. Auf dem Gelände der Berliner Elektrizitätswerke am Schiffbauerdamm (Ecke Luisenstraße) wurden Versuche mit einer Hochbahn unternommen. Reste der Anbringung der Fahrbahnbalken sind an dem Gebäude noch zu erahnen. Dann öffnet sich der Blick auf der linken Seite auf den Reichstag und den Tiergarten. Die hier ehemals vorhandene Bebauung ist durch die Kriegsereignisse zerstört und nach dem Kriege abgerissen worden. Zwischen Spreeufer und Stadtbahn verlief auch der ehemalige Mauerstreifen. Auf dem Gebiet nördlich und westlich des Reichstages wird in den nächsten Jahren das Regierungsviertel errichtet. Rechts der Stadtbahn liegt die Berliner Charité. Sie ist eine Gründung des 18. Jahrhunderts und eines der ältesten Berliner Krankenhäuser. Abermals wird die Spree am Humboldthafen überquert. Auf der rechten Seite ist das Empfangsgebäude des ehemaligen Hamburger Bahnhofs zu erkennen.

Unterhalb der Stadtbahn in Richtung Süden befand sich das Empfangsgebäude des Lehrter Fernbahnhofs. Zukünftig wird der Bahnhof als Zentralbahnhof im Pilzkonzept seine Aufgaben erhalten. Die restaurierte Halle des S-Bahnhofs wird dann in der vorhandenen Form voraussichtlich nicht mehr benötigt. Sie ist ein Beispiel, wie historische Bausubstanz unter Wahrung denkmalpflegerischer Aspekte den Ansprüchen einer modernen Stadtschnellbahn entsprechend gestaltet werden kann.

Noch weitgehend im Zustand des 19. Jahrhunderts ist der S-Bahnhof Hackescher Markt (ehemals Börse), im Hintergrund der Berliner Fernsehturm, 1994.

S-Bahnhof Bellevue liegt unmittelbar neben dem Hansaviertel, das 1957 Teil der Bauausstellung war, 1994.

Die Stadtbahn verläuft in einem großen Bogen nördlich des Tiergartens. Man sieht daher die Siegessäule aus verschiedenen Blickwinkeln. Sie stand ursprünglich auf dem Königsplatz (heute Platz der Republik) vor dem Reichstag, bevor sie 1938 auf den Großen Stern umgesetzt wurde. Auszumachen ist auch die Kongreßhalle. Kurz vor dem S-Bahnhof Bellevue, der wie der Bahnhof Hackescher Markt weitgehend in seiner ursprünglichen Form erhalten ist, fällt der Blick auf das Schloß Bellevue, den Amtssitz des Bundespräsidenten.

Zwischen dem S-Bahnhof Bellevue und dem S-Bahnhof Tiergarten liegt das Hansaviertel. Es wurde im Krieg so zerstört, daß es abgerissen wurde. Auf der freigewordenen Fläche wurden die Internationale Bauwochen 1957 abgehalten und ein neues Wohnviertel aufgebaut.

Am S-Bahnhof Tiergarten wird die Straße des 17. Juni überquert. In ihrer heutigen Breite ist sie ein Bau der 30er Jahre. Im Jahre 1865 fuhr hier die erste Pferde-Eisenbahn in Deutschland zwischen dem Brandenburger Tor und Charlottenburg. Auf der rechten Seite erkennt man die Gebäude der Technischen Hochschule und das Charlottenburger Tor. Die Stadtbahn verläuft hier fast in Nord-Nord-Süd-Richtung. Auf der östlichen Seite endet der Tiergarten. Der Landwehrkanal wird überquert. Der S-Bahnzug fährt an den verlängerten Fernbahnsteigen des Bahnhofs Zoologischer Garten vorbei und in die kleinere Halle des Bahnhofs ein. Den Namen hat der Bahnhof nach dem 1844 gegründeten Berliner Zoologischen Garten erhalten.

Der Bahnhof Zoologischer Garten ist in den 30er Jahren umgebaut worden. Er erhielt wie auch der Bahnhof Friedrichstraße einen zweiten Fernbahnsteig. Der Bahnhof entwickelte sich zum „Hauptbahnhof" der westlichen City von Berlin. Bis 1989 war er für Berlin (West) der wichtigste Fernbahnhof. Seit 1993 ist er der erste ICE-Bahnhof Berlins.

Die U 2 Vinetastraße–Ruhleben kreuzt den Bahnhof. Sie ist auf dem Teilstück bis Knie (Ernst-Reuter-Platz) bereits 1902 eröffnet worden. Im Oktober 1967 fuhr hier zum letzten Mal die Straßenbahn in Berlin (West).

An Häusern vorbei geht die Fahrt zum S-Bahnhof Savignyplatz. Die Trasse verläuft etwa parallel zum Kurfürstendamm, in dessen Querstraßen man einen Blick werfen kann; in der Fasanenstraße z. B. steht die Synagoge. In den Viaduktbögen am S-Bahnhof sind Läden und Restaurants sehenswert.

Der Bahnhof Charlottenburg ist bereits beschrieben worden. Die beiden S-Bahnsteige liegen für den Umsteigeverkehr zur U 7 Rathaus Spandau–Rudow ungünstig. Ihre Verlegung in östliche Richtung ist vorgesehen. Im Bahnhof Charlottenburg enden zur Zeit S-Bahnlinien, die mit der Wiederinbetriebnahme der S-Bahnstrecke nach Spandau auch wieder bis dorthin fahren werden.

Eröffnung der Stadtbahnhöfe für den Nahverkehr

Station	Eröffnet im Jahre	Frühere Namen
Ostkreuz	1882 (Bstg E) 1903 (Bstg D)	Stralau-Rummelsburg
Warschauer Straße	1884	
Hauptbahnhof	1882	Frankfurter Bahnhof, Schlesischer Bahnhof, Ostbahnhof
Jannowitzbrücke	1882	
Alexanderplatz	1882	
Hackescher Markt	1882	Börse, Marx-Engels-Platz
Friedrichstraße	1882	
Lehrter Stadtbahnhof	1882	
Bellevue	1882	
Tiergarten	1885	
Zoologischer Garten	1882	
Savignyplatz	1896	
Charlottenburg	1882	
Westkreuz	1928	Ausstellung

Im weiteren Verlauf der Fahrt bis zum Bahnhof Westkreuz erkennt man die Gleisanlagen für den Fernverkehr, die S-Bahn-Kehranlagen und die Überwerfungsbauwerke für die S-Bahn-Verbindungen nach Süden in Richtung Halensee und nach Norden in Richtung Witzleben. Letztere Verbindung ist nach dem Kriege nicht wieder aufgebaut worden.

Die beiden unteren Vorortbahnsteige des Bahnhofs Westkreuz sind Richtungsbahnsteige. Die Innengleise dienen vorwiegend dem Verkehr Richtung Potsdam. Die äußeren Bahnsteiggleise dienten dem Verkehr Richtung Spandau.

Die einzelnen Vorortstrecken

Entwicklung des Vorortverkehrs

Die Entwicklung entlang den Vorortstrecken verlief ähnlich wie auf der Ringbahn. Waren es bei der Ringbahn die sich entwickelnden Wohngebiete, so waren es auf den Vorortstrecken Verkehrsverbindungen zu den Villenkolonien, die in der 2. Hälfte des 19. Jahrhunderts entstanden, das Entstehen einzelner Vororte und ihre teilweise Verschmelzung mit dem kompakt bebauten Berliner Stadtgebiet sowie die sog. Zweite Randwanderung der Industrie.

Die Auswirkungen auf die Gestaltung der Bahnanlagen waren gleich. Nach dem Zwischenschalten weiterer Halte nahm der Verkehr zu. Er war in einem Mischbetrieb von Vorort- Fern- und Güterverkehr auf den zweigleisigen

Straßenansicht des Empfangsgebäudes des S-Bahnhofs Wollankstraße an der Nordbahnstrecke

Besondere Vorortgleise, geordnet nach S-Bahnlinien und dem Datum der Inbetriebnahme des ersten Teilabschnitts

Linien-Nummer	Streckenabschnitt	Datum der Inbetriebnahme
S 1	Alte Wannseebahn (Zehlendorf–Wannsee–Griebnitzsee	1874
	Neue Wannseebahn (Potsdamer Bahnhof, Wannseebahnhof–Zehlendorf und Griebnitzsee–Potsdam	1891
	Stettiner Vorortbahnhof–Bösebrücke (Bornholmer Straße)	1896
	Bösebrücke–Hermsdorf	
	Hermsdorf–Birkenwerder	
	Birkenwerder–Lehnitz	
	Lehnitz–Oranienburg	
S 2	keine, soweit nicht durch Mitbenutzung bereits erwähnt	
S 25	Potsdamer Ring- und Vorortbahnhof–Lichterfelde Ost	1903
	Lichterfelde Ost–Lichterfelde Süd	
	Lichterfelde Süd–Teltow	
S 3	Ostkreuz–Erkner	1903
	Grunewald–Wannsee	1936
S 4	Ringbahn	
S 5	Schlesischer Bahnhof–Stralau - Rummelsburg–	1903
	Lichtenberg-Friedrichsfelde	
	Kaulsdorf–Mahlsdorf	1929
	Mahlsdorf–Strausberg	1943
	Strausberg–Strausberg Nord	1956
	Westkreuz–Stadion	1910
	Stadion–Spandau	1906
	Spandau West–Staaken (Wustermark)	1909
S 6	nach Grünau	1909
	nach Zeuthen	1982
S 7	Friedrichsfelde Ost–Marzahn	1976
	Marzahn–Mehrower Allee	1980
	Mehrower Allee–Ahrensfelde	1982
S 8	Bösebrücke–Bernau (b Bln)	1916
S 9	Adlershof–Flughafen Berlin-Schönefeld	1962
S 10	Schönfließ–Hohen Neuendorf	1962
	Abzw Karow West–Schönfließ	1984

Strecken nicht mehr zu bewältigen. Als erster eigener Streckenabschnitt ist die Alte Wannseebahn anzusehen, die 1874 zur Erschließung der neuen Wohnviertel am Schlachtensee von Zehlendorf aus über Wannsee nach Griebnitzsee gebaut wurde.

Der eigentliche Durchbruch kam mit der Einführung des Vorortarifs im Jahre 1891. Im selben Jahr wurde auch die Neue Wannseebahn dem Verkehr übergeben. Dabei handelt es sich praktisch um den Neubau der Berlin-Potsdamer Eisenbahn und ihre Erweiterung von zwei auf vier Gleise. Diese Bahn ist unter Einbeziehung der Alten Wannseebahn die erste viergleisige Strecke für den Vorortverkehr.

S 1 von Gesundbrunnen nach Oranienburg und von Schöneberg nach Wannsee

Der ursprüngliche Endpunkt für den Vorortverkehr auf den drei Nordstrecken war der Stettiner Bahnhof an der Invalidenstraße. Die Zunahme im Fern- und Vorortverkehr führte Ausgang des 19. Jahrhunderts zur Neuordnung des Personenverkehrs von Stettiner Eisenbahn und Nordbahn. Der Personenverkehr der Nordbahn wurde mit der Stettiner Bahn im Stettiner Bahnhof vereinigt. Die direkte Führung der Stettiner Bahn etwa über die heutige Stettiner und die Grünthaler Straße wurde aufgegeben und die Bahn über den Ringbahnhof Gesundbrunnen geführt. In Höhe des heutigen S-Bahnhofs Bornholmer Straße wurde ein niveaufreies Bauwerk für die Trennung der Stettiner und der Nordbahn errichtet. Bis hierher wurde auch der Fern- vom Vorortverkehr getrennt. Solange die Berliner Mauer bestand, wurden die Eisenbahnanlagen zum großen Teil zurückgebaut. Der S-Bahnhof Bornholmer Straße lag zwar im Bezirk Prenzlauer Berg, also nicht auf dem Gebiet von Berlin (West), er wäre aber nur von dort aus zugänglich gewesen und war deshalb geschlossen.

Im Dreieck von Stettiner und Nordbahn steht als einziger Hochbau ein Unterwerk für die Berliner S-Bahn. Von dem dreigleisigen Fernbahnabschnitt in Richtung Wollankstraße ist nur eins für Fahrten nach Schönholz–Reinickendorf–Tegel zu benutzen. Das zweite Fernbahngleis ist nicht mehr vorhanden, jedoch gibt es an einigen Straßen noch Brückenüberbauten. Das dritte Gleis war ein Verbindungsgleis vom Rangierbahnhof Pankow zum Rangierbahnhof Schönholz.

Der S-Bahnhof Wollankstraße ist der erste Bahnhof auf Pankower Gebiet und 1877 eröffnet worden. Auch er lag in Berlin (Ost), konnte aber bis 1989 nur von Berlin (West), aus betreten werden. Hinter dem S-Bahnhof Schönholz trennen sich die Strecken nach Oranienburg, Tegel und Velten. Im weiteren Verlauf der Nordbahn

S-Bahnhof Hermsdorf an der S 2, 1993

Ein Blick über die sogenannte Millionenbrücke auf das Umfeld in Richtung auf den heutigen S-Bahnhof Bornholmer Straße, etwa um 1910

endete hier der Betrieb auf den Ferngleisen. Manche verrostete Schiene und manche verfallene Schwelle sind noch auszumachen. Bis zum S-Bahnhof Wilhelmsruh lag noch ein Überführungsgleis, das sich vom Dammniveau auf Straßenniveau absenkte. Es führte zur Niederbarnimer Eisenbahn, die in Wilhelmsruh auf Straßenniveau ihren Endpunkt hatte.

Der Charakter der Gebiete rechts und links der Strecke ist bis zum Mauerfall durch die Nähe der ehemaligen Grenze bestimmt gewesen. Erst jetzt beginnt das Gebiet Gestalt anzunehmen.

Am S-Bahnhof Wilhelmsruh befinden sich Industriebetriebe. Im Dreieck mit der Niederbarnimer Eisenbahn liegen die ehemaligen Bergmann-Borsig-Werke, die auch Aggregate für die Fernbahnelektrifizierung herstellten.

Am S-Bahnhof Wittenau (Nordbahn) besteht seit September 1994 eine Umsteigemöglichkeit zur U 8 nach Leinestraße. Östlich davon liegt ein großes Wohngebiet, das Märkische Viertel. Es folgen der Villenvorort Waidmannslust und Frohnau, das oftmals auch als Gartenstadt bezeichnet wird. Der Bahnhof Hermsdorf – zwischen beiden gelegen – hatte ehemals zwei Bahnsteige, weil hier zeitweilig der viergleisige Ausbau endete. Von Frohnau aus fährt die S-Bahn erst seit 1992 wieder nach Oranienburg. Bis hierher und bis zur Stadtgrenze ist bei der Sanierung der S-Bahnstrecke nach 1984 bzw. beim

Blick auf den im Umbau befindlichen S-Bahnhof Bornholmer Straße mit einem S-Bahnzug Richtung Schönholz

Eine seltene Aufnahme zeigt diesen S-Bahnzug auf der Friedhofsbahn Wannsee–Stahnsdorf aus dem Jahre 1936
LB

Lückenschluß auf die ehemalige Viergleisigkeit keine Rücksicht genommen worden. Wenn es dann, wahrscheinlich erst nach dem Jahre 2000, wieder viergleisig über die Nordbahn gehen soll, wird es nötig werden, die Nordbahn vom Nordkreuz bis ins Land Brandenburg neu zu trassieren, auch deshalb, weil inzwischen andere Gleismittenabstände gelten.

Ab der Stadtgrenze ist die Strecke dann viergleisig. Südlich des S-Bahnhofs Hohen Neuendorf wird von Osten her die zweigleisige Strecke der S 10 herangeführt, die über den nördlichen BAR die Umgehung von Berlin (West) gestattete und bis zum Lückenschluß die Verbindung von Berlin nach Oranienburg herstellte. Im S-Bahnhof Hohen Neuendorf besteht Übergang zwischen der S 1 und der S 10.

Während die S 10 in Birkenwerder endet, fährt die S 1 weiter nach Oranienburg. Villenvororte wechseln mit Wäldern ab. Kurz vor Oranienburg wird die Havel überquert.

Der südliche Streckenabschnitt der S 1 beginnt am unterirdischen S-Bahnhof Anhalter Bahnhof. Dieser Bahnhof ist der Trennungsbahnhof der S 1 nach Wannsee und der S 2 nach Blankenfelde (Kreis Zossen) bzw. der S 25/S 26 nach Lichterfelde Ost. Der nächste Bahnhof Yorckstraße, Großgörschenstraße, liegt bereits oberhalb des Straßenniveaus. Wenn der Zug über die Yorckstraße fährt, sieht man rechts und links eine Vielzahl noch vorhandener Brücken vom Potsdamer und Anhalter Bahnhof. Auf dem Fernbahnteil der Potsdamer Strecke liegt jetzt wieder ein Gleis, das zum Logistikzentrum südlich des Landwehrkanals führt. Für den Aufbau des Potsdamer Platzes werden hier die Eisenbahnwagen ent- bzw. beladen, der Weitertransport erfolgt mit Lkws.

Südlich des S-Bahnhof Yorckstraße befinden sich auf der linken Seite Reste des Bahnsteigs Kolonnenstraße, hier lag auch ursprünglich der Bahnhof Schöneberg. Bis Kriegsende hielten hier die Ringbahnzüge, die über den Potsdamer Ring- und Vorortbahnhof fuhren. Anschließend

Bahnhöfe der S 1

Station	Eröffnet im Jahre	Frühere Namen
Oranienburg	1877	
Lehnitz	1878	
Borgsdorf		
Birkenwerder (b. Bln)	1877	
Hohen Neuendorf		
Frohnau	1910	
Hermsdorf	1877	
Waidmannslust	1884	
Wittenau	1877	
Wilhelmsruh	1877	Reinickendorf-Rosenthal
Schönholz		
Wollankstraße	1877	Pankow, Nordbahn
Bornholmer Straße	1935	
Gesundbrunnen	1872	
Humboldthain	1935	
Nordbahnhof	1936	Stettiner Bahnhof
Oranienburger Straße	1936	
Friedrichstraße	1936	
Unter den Linden	1936	
Potsdamer Platz	1939	
Anhalter Bahnhof	1939	
Yorckstraße-Großgörschenstraße	1939	
Schöneberg	1933	
Friedenau	1874	
Feuerbachstraße	1933	
Rathaus Steglitz	1874	
Botanischer Garten	1909	
Lichterfelde West	1872	
Sundgauer Straße	1935	
Zehlendorf	1838	
Mexikoplatz	1874	Zehlendorf West, Lindenthaler Allee
Schlachtensee	1874	
Nikolassee	1902	
Wannsee	1874	
Dreilinden	1913	außer Betrieb
Stahnsdorf	1913	außer Betrieb

unterquert die S-Bahn in einem kurzen Tunnel die Ferngleise, weil ab hier die S-Bahngleise östlich der Fernbahngleise liegen.

Der Südwesten Berlins wird durch die S 2 mit einer dichten Folge von S-Bahnhöfen erschlossen. Erwähnenswert sind die Baustile der einzelnen Empfangsgebäude. Besonders zu nennen ist der Bahnhof Lichterfelde West, einer von drei Bahnhöfen dieses Stadtteiles. Hier waren die Züge der amerikanischen Berlin-Brigade stationiert.

Der Bahnhof Zehlendorf besitzt zwei Bahnsteige. Am heute nicht mehr benutzten Bahnsteig hielten die Züge nach Werder (Havel), die Bankierzüge und die Züge der damaligen Zuggruppe 5 nach Düppel-Kleinmachnow.

Die Bankierzüge waren eine Zugart, die zu Beginn der Jahrhunderts eingeführt wurde. Die Nahverkehrszüge fuhren vom Potsdamer Bahnhof aus auf den Fernverkehrsgleisen und hielten zum ersten Mal in Zehlendorf. Dann benutzen sie die Alte Wannseebahn. Nach der Gleichstromelektrifizierung im Jahre 1933 wurden auch die Ferngleise elektrifiziert. Die elektrischen Bankierzüge erbrachten zwischen dem Potsdamer Bahnhof und Zehlendorf eine Fahrzeitersparnis von 10 Minuten gegenüber den auf allen Zwischenstationen haltenden Zügen.

Der Endpunkt Wannsee ist in seiner heutigen Form während der „Großen Elektrisierung" Ende der 20er/ Anfang der 30er Jahre errichtet worden. Hier begann auch eine eingleisige Friedhofsbahn, die ab 1913 über Dreilinden bis nach Stahnsdorf zum Südwestfriedhof führte. Sie ist heute zugewachsen, die Brücke über die Ferngleise im Bereich des Bahnhofs Wannsee und der Bahnhof Stahnsdorf sind abgerissen.

S 2 von Gesundbrunnen nach Velten und von Papestraße nach Blankenfelde und nach Lichterfelde Ost

Die Strecke nach Velten war von den drei Nordstrecken die unbedeutendste. Sie besaß darum auch keine durchgehende Trennung des Nahverkehrs vom Fernverkehr. Sie war Teil der Ende des vorigen Jahrhunderts eröffneten Kremmener Bahn.

1995 ist der S-Bahnbetrieb bis Tegel wiedereröffnet worden. Eine Weiterführung über Schulzendorf und Heiligensee Richtung Hennigsdorf verlangt die Aufschüttung eines Teiles des Bahndammes, der durch den Bau des Autobahnzubringers A 111 zum Oranienburger Dreieck an der A 10 nördlich von Tegel teilweise entfernt wurde, und den Wiederaufbau des Bahndamms und der entsprechenden Brücken im ehemaligen Grenzgebiet zwischen Heiligensee und Hennigsdorf (b. Bln).

Bei der Firma Waggonunion, die ihren Bahnanschluß an dieser Strecke hat, wurden Berliner U-Bahn-Fahrzeuge

Bahnhöfe der S 2 im nördlichen Teil

Station	Eröffnet im Jahre
Schönholz	
Reinickendorf	1893
Wittenau Kremmener Bahn	1893
Eichbornstraße	1895
Tegel	1893
Schulzendorf	1893
Heiligensee	1897
Hennigsdorf (b Berlin)	1893
Hennigsdorf Nord	
Velten (Mark)	1893

und Wagen für S-Bahnen in Deutschland gebaut. Bis zu ihrem Abzug im Sommer 1994 war der Bahnhof Tegel der Bahnhof der französischen Streitkräfte in Berlin.
Im südlichen Teil beginnt die Beschreibung wie bei der S 1 am unterirdischen S-Bahnhof Anhalter Bahnhof. Im Anhalter Bahnhof begannen und endeten bis zum Jahre 1901 die Vorortzüge auf der Strecke nach Dresden und nach Halle/Leipzig. Mit dem viergleisigen Ausbau der Vorortstrecke nach Lichterfelde Ost wurde der Vorortverkehr auf den beiden Strecken neu geordnet. Dazu gehörte auch die Verlegung des Vorortverkehrs zum Potsdamer Bahnhof. Dort wurde der Ringbahnhof (der östliche Flügelbahnhof des Potsdamer Bahnhofs) um einen Bahnsteig zum Potsdamer Ring- und Vorortbahnhof erweitert.

Nach Verlassen des Tunnels folgt der S-Bahnhof Yorckstraße. Hier kann man wenig von den sog. Yorckstraßenbrücken erkennen, weil ein eingehauster Übergang über die Straße führt. Auch im weiteren Verlauf der Fahrt ist von den ehemaligen Anlagen der Eisenbahn (Wagenbehandlungsanlagen des Anhalter Personenbahnhofs) nur noch wenig auszumachen. Kriegszerstörungen und die Natur machen dies unmöglich. Hinter der Monumentenbrücke steht auf der linken Seite eine ehemalige Schnelltriebwagenhalle aus dem Jahre 1939, die vermutlich aber nie genutzt wurde, weil der Fernschnell-Triebwagenverkehr zu Kriegsbeginn eingestellt wurde. Die Halle wurde restauriert und dient seit 1993 dem Museum für Verkehr und Technik. Hier werden Fahrzeuge des Kommunalverkehrs gezeigt, darunter auch Exponate der Britzer Sammlung der BVG-West (Straßenbahn- und U-Bahnwagen, Omnibusse und Obusse).

Am S-Bahnhof Papestraße wird die Ringbahn gekreuzt. Unmittelbar hinter dem Bahnsteig liegt eine Baustelle der Berliner Stadtautobahn, die für lange Zeit ein Verkehrshindernis für den Autoverkehr war und ist. Erst nach der Wiedervereinigung gab die Deutsche Reichsbahn ihr Einverständnis für einen Brückenneubau über den Sachsendamm und die Stadtautobahn. Die Planung sieht vor, daß eine große Betonplatte den 2x2-streifigen Sachsendamm und den 2x3-streifigen Abschnitt der Stadtautobahn A 100 überquert. Auf dieser Betonplatte werden dann die Gleise nach Dresden und Halle/Leipzig verlegt werden.

Auf der linken Seite folgen der Rangierbahnhof Tempelhof und – von der Bahn nicht zu erkennen – das Ausbesserungswerk Tempelhof, das geschlossen wird. Am S-Bahnhof Priesterweg gabeln sich die Strecken, die S 2 fährt östlich weiter nach Blankenfelde (Kreis Zossen) auf der Dresdener Eisenbahn, während die S 25/S 26 auf der Anhalter Eisenbahn nach Lichterfelde Ost fahren.

Aber weiter auf der S 2. Der Zug fährt vorbei bzw. durch das Gabelungswerk der Dresdener und Leipziger Eisenbahnstrecke. Ferngleise und S-Bahngleise wurden hier niveaufrei ausgefädelt. Es ist anzunehmen, daß dieser leistungsfähige Zustand der Bahnanlagen wiederhergestellt wird. Die Bauarbeiten für den S-Bahnverkehr lassen dies zumindest vermuten.

Am S-Bahnhof Priesterweg teilen sich die S 2 nach Lichtenrade/Blankenfelde und die S 25 nach Lichterfelde Ost, hier das Empfangsgebäude aus den 20er Jahren.

Am Bahnhof Lichtenrade endeten bis zum Mauerfall die S-Bahnzüge aus Schönholz, seit 1993 geht es weiter nach Blankenfelde.

Der S-Bahnhof Mahlow wurde im Zuge des Lückenschlusses auf der S 2 nach Blankenfelde neu gebaut

Der Vorortverkehr wurde vom Fernverkehr nur bis zum Bahnhof Mariendorf getrennt. Von hier ab bestand Mischbetrieb mit dem Fernverkehr. Ein viergleisiger Ausbau ist vorgesehen. Die Strecke liegt überwiegend im Geländeniveau, so daß umfangreiche Brückenlösungen wie am S-Bahnhof Marienfelde nötig sein werden. Der S-Bahnhof Buckower Chaussee hat ein modernes Äußeres erhalten, und der S-Bahnhof Schichauweg ist ein Neubau der letzten Jahre. Bis zum Jahre 1993 war der S-Bahnhof Lichtenrade der Endpunkt der S 2. Seit 1993 geht es im 20-Minuten-Takt weiter bis Blankenfelde. In Lichtenrade endet der 10-Minuten-Takt.

Der Wiederaufbau des Streckenabschnittes südlich vom S-Bahnhof Lichtenrade stieß auch auf den Widerstand der Grundstücksbesitzer. Die Grundstücke reichen hier bis an die Bahnstrecke heran. An einen Wiederaufbau mochten viele nicht mehr glauben, so daß Häuser heute im Lärmpegel der Bahnstrecke stehen. Eine Grundsatzentscheidung des Verwaltungsgerichtes besagte, daß die Wiederherstellung einer Eisenbahnstrecke keinem Neubau gleichkommt, es daher auch kein Planfeststellungsverfahren mit einer Umweltverträglichkeitsprüfung geben muß.

Etwa von der Stadtgrenze an ist beim Wiederaufbau bereits auf einen viergleisigen Ausbau gedacht worden.

Im Frühjahr 1995 wurde die S 25/26 nach Lichterfelde Ost eröffnet. Hier eine historische Aufnahme des S-Bahnhofs Südende aus dem Jahre um 1910.
LB

S-Bahnhof Griebnitzsee, der Bahnhof war für den S-Bahnverkehr bis 1961 ein Kontrollbahnhof, denn West-Berliner durften nicht in das Berliner Umland fahren.

Soweit erforderlich wurden der Bahndamm breit geschüttet und die Brückenwiderlager entsprechend breit angelegt. Der S-Bahnhof Mahlow ist ein Neubau mit einem neuen Zugang von beiden Seiten der Bahn. Man achte hier und auch an anderen Stellen auf die heute als Wohnhäuser genutzten Dienstgebäude der ehemaligen Militäreisenbahn.

Der BAR wird am Abzweig Glasower Damm überquert. Der S-Bahnhof Blankenfelde ist nach dem Augenschein zu urteilen, nur ein Provisorium. Die S-Bahn endet an einem neugestalteten Bahnsteig, der bis zur Maueröffnung der Endbahnsteig für den als „Blauen Bock“ bezeichneten Zug war. Dieser bestand meist aus einer blauen V 15 und einem Beiwagen. Nach Überschreiten einer Bahnschranke erreicht man den Bahnsteig der R 24, die mit Wechselstrom-Doppelstockzügen bis zum S-Bahn-Tarifendpunkt und darüber hinaus fährt.

Der elektrische Gleichstrombetrieb der S-Bahn endete

bis 1961 im Bahnhof Rangsdorf. Ob dieser Zustand wiederhergerichtet wird, ist fraglich, denn es müßte ein zweites Gleispaar für den Gleichstrombetrieb errichtet werden. Und das geht bestimmt nicht ohne Eingriffe in den Fernbahnbereich und u. U. auch in die städtebauliche Situation der Gemeinden, zumal hier noch viele beschrankte Bahnübergänge bestehen.

Bahnhöfe der S 2 im südlichen Teil

Station	Eröffnet im Jahre	Frühere Namen
Anhalter Bahnhof	1939	
Yorckstraße, Großgörschenstraße	1903	
Papestraße	1901	
Mariendorf	1895	Attilastraße
Marienfelde	1875	
Buckower Chaussee	1946	
Schichauweg		
Lichtenrade	1883	
Mahlow	1875	
Blankenfelde	1950	
Dahlewitz	1884	
Rangsdorf	1875	

S 3 von Ostkreuz nach Erkner und von Westkreuz nach Potsdam

Wie schon bei der Ringbahn ausgeführt, lag der Vorortbahnhof für die Ostbahn und die Schlesische Bahn an der Stelle des heutigen Bahnsteigs E im Bahnhof Ostkreuz. Die Vorortzüge der Ostbahn verließen östlich der Ringbahnüberführung die Vorortgleise der Strecke nach Erkner. Erst mit dem Umbau von 1903 kam es zur linienweisen Trennung der Gleisanlagen. Etwa zur selben Zeit wurden auch die Fernzüge der Ostbahn anders geleitet. Dazu wurde eine Verbindungsstrecke (die sog. VnK-Strecke – Verbindung nach Kaulsdorf) von der Schlesischen Bahn, vor dem Betriebsbahnhof Rummelsburg abzweigend, im Jahre 1901 errichtet.

Unsere Fahrt verläuft weiter in umgekehrter Richtung wie bei der Niederschlesischen Eisenbahn beschrieben. Vor dem Bahnhof Berlin-Karlshorst fällt auf der rechten Seite eine Bahnsteiganlage mit Empfangsgebäude auf, die heute nicht mehr für den Personenverkehr genutzt wird. Es ist der Bahnhof für die heutige Trabrennbahn Karlshorst. Hier sowie in Hoppegarten (Galopprennbahn an der Ostbahn) und am Olympiastadion an der Strecke von Westkreuz nach Spandau wurden für den großen Besucherandrang diese „Rennbahnhöfe" errichtet.

Der S-Bahnhof Berlin-Karlshorst besitzt einen Mittelbahnsteig für die S 3 und zwei Seitenbahnsteige für die R-Bahnlinien nach Frankfurt (Oder) und nach Werder (Havel). Diese Bahnsteige verdanken ihre Entstehung den Folgen des Mauerbaus von 1961. Da es an geeigneten Bahnhöfen fehlte, die Ausgangspunkt für den Verkehr um Berlin (West) herum sein konnten, wurde auf dem Bahnhof Karlshorst diese Lösung gefunden.

Weiter geht es vorbei an der Rennbahn Karlshorst in Richtung Wuhlheide. Hier wird der BAR unterquert. Die Verbindungskurven stammen zum Teil noch aus der Entstehungszeit des Güteraußenringes zu Beginn der 40er

Eingangssituation des Endpunktes von S 3 und S 7 am heutigen Bahnhof Potsdam Stadt

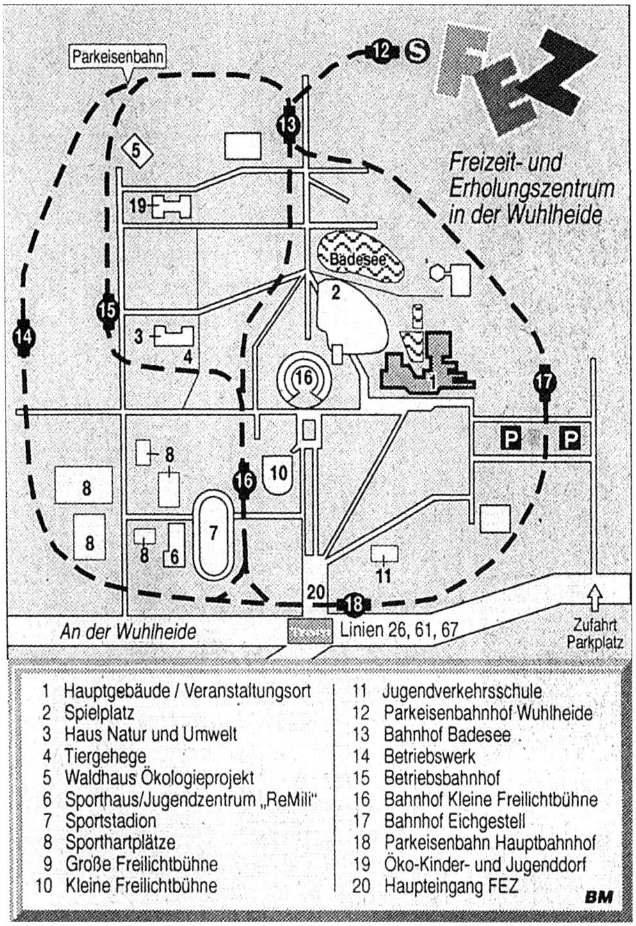

Am S-Bahnhof Wuhlheide der S 3 besteht die Möglichkeit, mit einer Schmalspurbahn zu fahren. Das Bild zeigt den Gleisverlauf der Parkeisenbahn im Freizeit- und Erholungszentrum Wuhlheide.
Berliner Morgenpost 18. November 1994

Jahre. Auf die Parkeisenbahn im Freizeit- und Erholungszentrum wurde bereits hingewiesen. Sie besitzt seit 1994 einen eigene Station am S-Bahnhof Wuhlheide.

Hinter dem S-Bahnhof Wuhlheide befinden sich rechts die Verbindungskurven vom südlichen und nördlichen BAR in Richtung Berlin-Köpenick.

Die damalige Stadt Cöpenick ist durch den Handstreich des Schusters Voigt im Jahre 1906 in die Geschichte eingegangen. Hier stieg der falsche Hauptmann aus dem Vorortzug, um im Rathaus von Cöpenick die Stadtkasse zu rauben.

Wie in vielen anderen Fällen, lag der Bahnhof der Stadt in einiger Entfernung vom eigentlichen Stadtkern. In Cöpenick stellte ein Pferde-Eisenbahn im Jahre 1882 diese Verbindung zur Cöpenicker Altstadt her. Die Verbindung wurde 1903 elektrifiziert und ausgebaut. Köpenick und seine Umgebung sind eine beliebtes Ausflugsziel der Berliner. Der Charakter der Bahnfahrt verdeutlicht dies. Wir überspringen den S-Bahnhof Hirschgarten und kommen in Berlin-Friedrichshagen an. Einst durch Friedrich II. gegründet, wurde der Ort zu einem Kurort entwickelt und beherbergte um die Jahrhundertwende einen bedeutenden Dichterkreis um Wilhelm Bölsche. Der Ort besaß seit 1894 eine Pferde-Eisenbahn, die im Sommer auch mit Dampflokomotiven betrieben wurde.

Nördlich des S-Bahnhofs beginnt die schmalspurige Schöneicher-Rüdersdorfer Straßenbahn (1000 mm), die rund 14 km lang und gut zur Hälfte zweigleisig ausgebaut ist. Auf der Fahrt zum nächsten S-Bahnhof fährt die Berliner Straßenbahn der Linie 61 parallel zur Eisenbahn. Etwa hinter der S-Bahn-Kehranlage des S-Bahnhofs Friedrichshagen zweigt rechts ein Gleis zum Wasserwerk Friedrichshagen ab. Dieses Werk bezieht sein Wasser aus dem Müggelsee. Im Werk befindet sich ein Museum der Wasserwirtschaft, das in einem alten Maschinenhaus eingerichtet ist.

Am S-Bahnhof Rahnsdorf beginnt eine zweite Umlandstraßenbahn. Es ist die eingleisige Woltersdorfer Straßenbahn. Sie ist regelspurig und hat eine Länge von knapp 6 km.

Über Wilhelmshagen geht die Fahrt bis zum Endpunkt der S 3 nach Erkner. Hier ist im Rahmen der „Großen Elektrisierung" Ende der 20er Jahre ein S-Bahn-Betriebswerk errichtet worden. Der Bahnhof ist Umsteigebahnhof zur R 13 nach Fürstenwalde (Spree).

Bahnhöfe der S 3

Station	Eröffnet im Jahre	Frühere Namen auf dem östlichen Teil
Ostkreuz	1882	Stralau-Rummelsburg
Rummelsburg		
Betriebsbahnhof Rummelsburg	1913	
Karlshorst	1895	
Wuhlheide	1877	Sadowa
Köpenick	1842	Cöpenick
Hirschgarten	1894	
Friedrichshagen		
Rahnsdorf		
Wilhelmshagen	1892	
Erkner		

Empfangsgebäudes des Bahnhofs Erkner 1994

Beginnen wir unsere Fahrt im Westen auf dem Vorortbahnsteig des Turmbahnhofs Westkreuz. Die Strecke unterfährt das S-Bahngleis von Spandau und die Ferngleises von und nach Spandau. Aus dem fahrenden Zug sieht man die Abstellanlage Grunewald. Bald folgt der S-Bahnhof Berlin-Grunewald, der zwei Bahnsteige besitzt und zwar deshalb, weil hier der Ausflugsverkehr zur Dampfbahnzeit auch vom Nordring her, also von den dichtbesiedelten Gebieten aus Prenzlauer Berg und Wedding, endete.

Hinter dem S-Bahnhof weiten sich die Bahnanlagen und nehmen das S-Bahn-Betriebswerk Hundekehle auf, das sich im Wiederaufbau befindet. Der Streckenabschnitt Berlin-Grunewald bis Nikolassee ist nach dem zwischen Blankenburg und Mühlenbeck-Mönchmühle (S 10) der längste der Berliner S-Bahn, man fährt 8 bzw. 9 Minuten. In Nikolassee kann man zur „Badewanne Berlins", dem Wannsee aussteigen. Am Bahnhof Wannsee trifft die S 3 auf die S 1 und die S 7.

Die Fahrt verläuft entlang dem S-Bahn-Betriebswerk Wannsee, das 1984 im Rahmen der Übernahme der S-Bahn in Berlin (West) von der BVG modernisiert wurde und heute wieder zur Deutschen Bahn gehört. Der S-Bahnhof Griebnitzsee war Umsteigebahnhof für die über die Stammbahn kommenden Züge Potsdamer Bahnhof –Werder (Havel). Bis zur Öffnung der Berliner Mauer war hier der Grenzbahnhof für die Züge zwischen Berlin (West) und dem Süden und Westen Deutschlands. Bis zur Eröffnung des Kontrollbahnhofs Staaken im Jahre 1976 fuhren hier auch die Züge nach Hamburg.

Bei der Weiterfahrt in Richtung Potsdam erkennt man rechts der Bahn die Gleisschleife der Potsdamer Straßenbahn in der Rudolf-Breitscheid-Straße. Obwohl der Streckenabschnitt Wannsee–Potsdam nur eingleisig ist, wird er im 10-Minuten-Takt gemeinsam mit der S 7 befahren. Die Züge kreuzen in Griebnitzsee und in Babelsberg.

In Babelsberg bestand noch ein Obus-Netz, das 1949 in Betrieb genommen und inzwischen eingestellt wurde. Der Bahnhof Potsdam Stadt liegt noch an derselben Stelle des 1838 eröffneten Bahnhofs der ersten Berliner Eisenbahn. Die Innenstadt von Potsdam und der Bahnhof wurden durch einen schweren Luftangriff kurz vor Kriegsende getroffen. Das alte Empfangsgebäude ist dabei zerstört worden. Die alte Eisenbahnwerkstätte der Berlin-Potsdamer Bahn ist eines der ältesten Ausbesserungswerke, das noch arbeitet. Hier wurden u. a. die Wagen des Hofzuges des deutschen Kaisers instand gesetzt. Auch der jetzt im Museum für Verkehr und Technik ausgestellte Salonwagen ist hier restauriert worden.

Am Bahnhof hält die Straßenbahn nicht mehr im Regelbetrieb. Aber mit einem kleinen Fußweg ist sie für die Weiterfahrt auf der Langen Brücke zu erreichen. Auch die RB 16 beginnt hier ihre Fahrt durch Potsdam und weiter nach Werder (Havel) und Brandenburg (Havel) ebenso wie die R 21 nach Nauen.

Bahnhöfe der S 3 im westlichen Teil

Station	Eröffnet im Jahre	Frühere Namen
Westkreuz	1928	Ausstellung
Grunewald	1879	
Nikolassee	1902	
Wannsee	1874	
Griebnitzsee	1862	Neubabelsberg, Ufa-Filmstadt
Babelsberg		
Potsdam Stadt	1838	

S 5 von Ostkreuz nach Strausberg und Strausberg Nord

Unsere Fahrt beginnt auf dem Bahnsteig D des Turmbahnhofs Ostkreuz. Dieser ist 1903 in Betrieb genommen worden, als die sog. Stadtbahngleis vom Schlesischen Bahnhof nach Lichtenberg-Friedrichsfelde verlängert wurden. Links neben den S-Bahngleisen verläuft die heute eingleisige Strecke der ehemaligen Ostbahn. Am S-Bahnhof Nöldnerplatz liegt auf der linken Seite das Bahnbetriebswerk Lichtenberg und hinter dem S-Bahnhof das Bahnbetriebswagenwerk. Der Bahnhof Berlin-Lichtenberg sollte für Berlin (Ost) der zentrale Bahnhof für den Binnenverkehr der Deutschen Reichsbahn werden. Er besitzt einen S-Bahnsteig und drei Bahnsteige für den Fern- und Regionalverkehr.

Er entstand aus einem Vorortbahnhof mit zwei Bahnsteigen. Der eine Bahnsteig war für den Verkehr in Richtung Kaulsdorf auf der Ostbahn und der andere für den Verkehr in Richtung Wriezen vorgesehen. Als Folge der Neuorganisation des Fernreiseverkehrs in den 40er und 50er Jahren erhielt der Bahnhof einen Fernbahnsteig C. Von hier aus fuhren die Züge in Richtung Nordwesten und Norden (Schwerin, Rostock und Stralsund).

In den 80er Jahren wurde der Bahnhof im Zusammenhang mit der Fernbahnelektrifizierung und der Vorbereitung der 750-Jahr-Feier Berlins völlig umgebaut. Dazu gehörten u. a. der Neubau einer Straßenbahnbrücke im Zuge der Frankfurter Allee/Straße der Befreiung (heute Alt-Friedrichsfelde) die Verlagerung des Straßenbahnverkehrs, der Neubau eines Empfangsgebäudes und im weiteren Sinne auch die Ausgestaltung des Biesdorfer Kreuzes. So wurde aus einem Vorortbahnhof mit lokalen Aufgaben ein Binnenverkehrsbahnhof für das Netz der Deutschen Reichsbahn.

Die Linie U 5 (Alexanderplatz–Hönow) unterquert den Bahnhof am östlichen Ende. Oberhalb des U-Bahntunnels befindet sich ein Fußgängertunnel. In diesem Tunnel waren bis zur Eröffnung des neuen Empfangsgebäudes die Fahrkartenschalter für Fern- und S-Bahn-Verkehr und die Gepäckabfertigung untergebracht.

Hinter dem Bahnhof umfährt die S-Bahnstrecke die Werkstatthallen und Abstellgleise des S-Bahnbetriebswerks Friedrichsfelde. Dann folgt der S-Bahnhof Friedrichsfelde Ost, der im Zuge der Bauarbeiten mehrfach seinen Standort gewechselt hat. Ursprünglich befand er sich weiter östlich an der Kreuzung mit der Marzahner Chaussee. Hinter dem Bahnhof verzweigen sich die Strecken Richtung Mahlsdorf (S 5) einerseits sowie nach Springpfuhl (S 7 und S 75) andererseits. Der Zug nach Strausberg unterquert den zweigleisigen BAR. Dort wo die Streckengleise auseinanderlaufen, ist ein Turmbahnhof geplant, sofern auf dem BAR eine Nord-Süd-S-Bahn verkehren sollte.

Neubau eines S-Bahnhofs in den 90er Jahren: der S-Bahnhof Birkenstein 1994, danebenliegend die eingleisige ehemalige Ostbahn

Eine Straßenbrücke und die Verbindungskurven, zum Teil noch ohne Gleise, bilden das Biesdorfer Kreuz. Den ehemals geplanten Ausbau wird es wohl nicht geben. Der Rückgang des Eisenbahngüterverkehrs führte z. B zur Schließung des Rangierbahnhofs Wuhlheide, der südlich des Biesdorfers Kreuzes am BAR liegt. Auch werden nach Verwirklichung des Pilzkonzepts die Zugläufe im Fern- und Regionalverkehr neu geordnet werden, so daß mit einem Rückgang der Belastungen im Biesdorfer Kreuz zu rechnen ist.

Hinter dem Bahnhof Biesdorf liegt der Bahnhof Wuhletal. Er ist ein gemeinsamer Bahnhof von S- und U-Bahn, für Berlin eine Besonderheit. Er hat zwei Bahnsteige, die von S- und U-Bahn gemeinsam im Richtungsbetrieb genutzt werden. Die inneren Gleise werden von den Zügen der U 5 angefahren, während die äußeren Gleise die S-Bahn benutzt.

Erwähnenswert ist noch eine Übergabegleisgruppe. Das Ausbesserungswerk Schöneweide hatte auch die Aufgabe, die Fahrzeuge der U-Bahn instand zu setzen. Da es keine Gleisverbindung vom U-Bahnnetz zum Eisenbahnnetz gab, wurden die U-Bahn-Fahrzeuge von der Betriebswerkstatt Friedrichsfelde mit Hilfe von Straßenrollern bis zum Güterbahnhof Schöneweide überführt. Von dort gelangten die Fahrzeuge in das Werk. Durch die oben erwähnte Gleisgruppe wurde es nun möglich, die U-Bahn-Fahrzeuge auf Eisenbahngleisen zu überführen. Dies ist nun nicht mehr erforderlich, weil die Hauptwerkstätten im Groß- wie im Kleinprofil im Westteil der Stadt wieder frei zugänglich sind.

Der Bahnhof Kaulsdorf war bis 1929 ein Trennungsbahnhof. Auf zwei Bahnsteigen wurde der Vorortverkehr von Lichtenberg und der vom Schlesischen Bahnhof über die VnK-Strecke vereinigt. Diese Aufgabe übernahm dann der Bahnhof Mahlsdorf. Hier endete bis 1956 der elektrische S-Bahn-Verkehr, und auf dem südlichen Bahnsteig begann die „schwarzen" Züge.

Der S-Bahnhof Birkenstein ist erst in den 90er Jahren errichtet worden. Ebenso ist der zweigleisige Betrieb von Mahlsdorf bis Hoppegarten erst zu diesem Zeitpunkt erfolgt.

Der Bahnhof Hoppegarten ist in zweifacher Hinsicht interessant. Hier begann die Kleinbahn nach Altlandsberg nördlich des Bahnhofs, und auf der rechten Seite kurz vor der Einfahrt existierte ein Rennbahnhof wie Karlshorst und Olympiastadion. Die Rennbahnzüge für die Hoppegartener Galopprennbahn, die als eine der schönsten Europas bezeichnet wird, warteten hier nach ihrer Ankunft bis zum Veranstaltungsende und brachten die Besucher zurück nach Berlin

Von Hoppegarten aus ist die S-Bahnstrecke eingleisig. Die Kreuzung erfolgt in Fredersdorf. Von diesem Bahnhof zweigt eine Nebenbahn nach Rüdersdorf ab, die im Güterverkehr noch Bedeutung für die Zementindustrie in Rüdersdorf hat. Der Personenverkehr ist auf ihr vor einigen Jahren eingestellt worden.

Der 20-Minuten-Takt der S 5 endet am Bahnhof Strausberg. Dies ist der ursprüngliche Bahnhof aus der Zeit der Eröffnung der Ostbahn im Jahre 1867. Für die Verbindung zur Stadt sorgt seit 1894 eine regelspurige Nebenbahn, die 1921 elektrifiziert wurde und seitdem mit Straßenbahnwagen im Personenverkehr betrieben wird.

Seit 1956 besteht eine eingleisige Stichbahn in Richtung Strausberg Nord, die heute im 40-Minuten-Takt befahren wird. Sie entstand aus den Bedürfnissen des Ministeriums für Nationale Verteidigung der DDR, das in

Auf dem S-Bahnhof Hoppegarten (Mark) aufgenommen: zwei Triebwagen der heutigen Baureihe 476 in unterschiedlicher Farbgebung, links zur 750-Jahrfeier in Berlin (Ost) lackiert und rechts die alte historische Farbgebung, wie sie nach und nach wieder verwendet wird, 1994.

einem Kasernenkomplex am S-Bahnhof Strausberg Nord untergebracht war. Der S-Bahnhof Hegermühle erschließt das Wohngebiet um den Bahnhof herum. Am S-Bahnhof Strausberg Stadt liegt im fußläufigen Einzugsbereich die Altstadt der ehemaligen Kreisstadt Strausberg.

Eröffnung der Bahnhöfe auf der S 5

Station	Eröffnet im Jahre	Frühere Namen
Ostkreuz (Bstg D)	1903	
Nöldnerplatz	1902	Neu-Lichtenberg
Lichtenberg	1867	Lichtenberg-Friedrichsfelde
Friedrichsfelde Ost	1903	
Biesdorf	1885	
Wuhletal	1989	
Kaulsdorf	1869	Caulsdorf
Mahlsdorf	1895	
Birkenstein	1993	
Hoppegarten (Mark)		
Neuenhagen (b Bln)	1867	
Fredersdorf (b Bln)	1872	
Petershagen Nord	1919	Giebelsee
Strausberg	1867	
Hegermühle	1984	
Strausberg Stadt	1956	
Strausberg Nord	1956	

S 6 von Treptower Park nach Königs Wusterhausen

Die Fahrt beginnt am S-Bahnhof Treptower Park und geht in einem Bogen in südöstlicher Richtung unter den Fern- bzw. Gütergleisen Richtung Schöneweide hindurch. Die Gütergleise Richtung Neukölln werden vorerst nicht wieder hergestellt. Aber die Ringbahngleise der S-Bahn von Sonnenallee kommend werden 1997 wieder befahrbar sein.

Etwa in der Mitte zwischen Treptower Park und der nächsten S-Bahnstation Plänterwald lag 1896 der Bahnhof für die Berliner Gewerbeausstellung, die im selben Jahr im nahegelegen Gelände stattfand. Heute befindet sich dort das Ehrenmal für die gefallenen Soldaten der Roten Armee.

Der Bahnhof Plänterwald ist ein Beispiel für die fortschreitende Entwicklung des S-Bahnnetzes, denn er wurde erst in den 50er Jahren gebaut, als der Wohnungsbau in seinem Einzugsbereich dies notwendig machte.

Am S-Bahnhof Baumschulenweg stößt die 1993 wieder eröffnete S-Bahn S 45 und S 46 auf die Strecke. Die betriebliche Situation ähnelt der des alten S-Bahnhofs Bornholmer Straße. Die zusammenzuführenden Gleise beider Strecken (von Plänterwald bzw. von Köllnische Heide) haben zwei Bahnsteiggleise, die Trennung der Gleise nach den genannten Bahnhöfen erfolgt von einem Bahnsteiggleis. Baumschulenweg besitzt noch einen dritten Bahnsteig. Er hatte ursprünglich die Aufgabe, dem Umsteigeverkehr vom Görlitzer Bahnhof zur Ringbahn zu dienen.

Der Bahnhof Schöneweide besitzt einen Namen, dessen Ortsbezeichnung es nicht gibt. Ursprünglich hieß er Niederschöneweide-Johannisthal. Hier beginnt die eingleisige S-Bahnstrecke nach Spindlersfeld. Der Bahnhof war ein wichtiger Fernbahnhof bis zur Maueröffnung, hier war ein Umsteigepunkt für den Berufsverkehr zum großen Elektroindustriestandort Oberschöneweide auf der anderen Seite der Spree, hier verkehrte nach Johannisthal um die Jahrhundertwende die erste linienmäßige Obuslinie im Raum Berlin, und hier fuhr auch die letzte Pferde-Eisenbahn im Jahre 1910. Seinen Höhepunkt aber hatte der Bahnhof, wenn auf dem ältesten deutschen Flugplatz, Johannisthal, eine große Flugschau stattfand. So waren bei Flugveranstaltungen um das Jahr 1910 an die 100 000 Besucher zu befördern.

Hinter dem Bahnhof befindet sich eine größere Eisenbahnlandschaft. Auf der rechten Seite das Bahnbetriebswerk und der Rangierbahnhof Schöneweide und über ein eingleisiges Verbindungsgleis von der S-Bahnstrecke nach Spindlersfeld abzweigend auf der anderen Seite des Adlergestells das S-Bahn-Ausbesserungswerk Schöneweide. Es entstand im Rahmen der „Großen Elektrisierung“ zum Ende der 20er Jahre. Hier werden die Fahrzeuge der Berliner S-Bahn instand gesetzt. Auch die Fahrzeuge der Berliner U-Bahn und die Straßenbahnfahrzeuge der BVG (Ost) wurden hier bis zur Fusion der BVB und BVG aufgearbeitet.

Weiter geht die Fahrt am Rangierbahnhof Schöneweide vorbei zum S-Bahnhof Adlershof. Dieser hatte ehemals wie auch der Bahnhof Baumschulenweg einen zweiten Bahnsteig. Er wurde abgerissen und ist heute kaum noch auszumachen. Hier trennt sich die Strecke für die Züge der S 9 nach Flughafen Berlin-Schönefeld. Der eigentliche Abzweig liegt einige hundert Meter weiter südöstlich. Dahinter folgt der S-Bahnhof Grünau. Er besitzt zwei Bahnsteige. Bis zur Elektrifizierung mit Gleichstrom in Richtung Königs Wusterhausen bestand hier eine ähnliche Situation wie z. B. in Mahlsdorf. Es mußte von der S-Bahn in die „schwarzen“ Züge umgestiegen werden.

Zum Bahnhof gehört auch ein S-Bahn-Betriebswerk. Am südöstlichen Ausgang ist noch das alte Empfangsgebäude des Bahnhofs erhalten, es hat aber heute keine betriebliche Funktion mehr. In Fahrtrichtung rechts liegt das Institut für Schienenfahrzeuge der Deutschen Waggonbau AG. Wälder und Villenvororte wechseln sich ab.

Historische Aufnahme des S-Bahnhofs Baumschulenweg um 1910

Aufnahme nach Inbetriebnahme des Südrings, links kommt das Gleis vom Südring, rechts der Bahnsteig für die Züge Richtung Südring nach Neukölln und Nordring Richtung Treptower Park

Am S-Bahnhof Wildau liegt das ehemalige Lokomotivwerk von der Berliner Maschinenbau-Actien-Gesellschaft vormals L. Schwartzkopff. Erwähnenswert ist auch die Wohnsiedlung dieses Werkes, die den Ort beherrscht.

Über den Endpunkt Königs Wusterhausen ist bereits berichtet worden. Die Lage der S-Bahngleise zur Stadt ist für eine Stadtschnellbahn ungünstig. Welche Lösung man hier bevorzugen wird, ist noch offen. Hinter dem Bahnhof zweigt eine Nebenbahn nach Mittenwalde ab. Über diese Strecke fuhren in den vergangenen Jahren mehrfach Dampfloksonderfahrten, die vom Deutschen Modelleisenbahn-Verband organisiert wurden. Im Rahmen eines Golfturniers am Motzener See wurde über die ehemalige Königs Wusterhausen-Mittenwalde-Töpchiner Eisenbahn ein Personenverkehr von Berlin bis Motzen für den Besucherverkehr eingerichtet.

Bahnhöfe auf der S 6

Station	Eröffnet im Jahre
Treptower Park	1875
Plänterwald	1956
Baumschulenweg	1890
Schöneweide	1866
Betriebsbahnhof Schöneweide	
Adlershof	1874
Grünau	1866
Eichwalde	
Zeuthen	
Wildau	1900
Königs Wusterhausen	1866

S 7 von Friedrichsfelde Ost nach Ahrensfelde und S 75 nach Wartenberg

Am Abzweig hinter dem S-Bahnhof Friedrichsfelde Ost beginnt die jüngste Neubaustrecke der Berliner S-Bahn. Im Rahmen eines 1972 beschlossenen Wohnungsbauprogramms wurde begonnen, freie Flächen für ca. 300000 Menschen in den heutigen Bezirken Marzahn, Hohenschönhausen und Hellersdorf zu bebauen. Neben der U-Bahn und der Straßenbahn wurde der S-Bahn auf zwei Strecken die verkehrliche Erschließung dieses Gebietes übertragen. Zunächst führen beide Linien (die eine nach Ahrensfelde und die andere entlang dem BAR bis nach Wartenberg) gemeinsam bis zum S-Bahnhof Springpfuhl. Hier zweigt die S 7 über Marzahn nach Ahrensfelde parallel zur Nebenbahn nach Werneuchen–Wriezen–Bad Freienwalde ab. Parallel zur Eisenbahntrasse liegt die Märkische Allee, und dahinter beginnen in östlicher Richtung die Wohnbauten.

Bahnhöfe der S 7 nach Ahrensfelde

Station	Eröffnet im Jahre	Frühere Namen
Friedrichsfelde Ost	1903	
Springpfuhl	1976	
Poelchauallee	1979	Karl-Maron-Straße
Marzahn	1976	
Raoul-Wallenberg-Straße	1982	Bruno-Leuschner-Straße
Mehrower Allee	1980	Otto-Winzer-Straße
Ahrensfelde	1898	

Über die Stationen Gehrenseestraße und Hohenschönhausen fährt die S 75 bis zum Endpunkt Wartenberg. Die Gleise des BAR liegen auf der linken Seite. Auf dieser Seite liegen auch das Industriegebiet Lichtenberg Nord sowie der dazugehörige Industrieanschlußbahnhof. Im Schnittpunkt der Bahn mit der Landsberger Allee ist der S-Bahnhof Bürknersfelde geplant, den man im Streckenverlauf erkennen kann.

Die Weiterführung der S-Bahn bis zum Bahnhof Sellheimbrücke, im Schnittpunkt mit einer Straße, die von Heinersdorf, Blankenburg und Karow nach Buch führt, ist begonnen worden. Der Bahndamm ist geschüttet und Brücken sind errichtet worden.

Bahnhöfe der S 75 nach Wartenberg

Station	Eröffnet im Jahre
Gehrenseestraße	1984
Hohenschönhausen	1984
Wartenberg	1985

S 8 vom Innenring nach Bernau (b. Bln)

Der S-Bahnzug verläßt westlich vom S-Bahnhof Schönhauser Allee den Innenring und fährt vorbei an der Baustelle des Nordkreuzes, das etwa 1997 den gesamten Verkehr von den Nordstrecken und dem Berliner Innenring niveaufrei führen wird. Der Bahnhof Bornholmer Straße auf der östlichen Seite der Bahnanlagen ist ein Provisorium, während der bei der S 1 beschriebene S-Bahnhof mit demselben Namen auf der westlichen Seite der Bahnanlagen liegt. Gegenwärtig ist hier die einzige, etwas umständliche Umsteigemöglichkeit von der Nord-Süd-S-Bahn auf den östlichen Innenring. Ehemals bestand in Gesundbrunnen ein starker Umsteigeverkehr vom Berliner Zentrum um die Friedrichstraße zum Bezirk Prenzlauer Berg. Das Provisorium wird jedoch verschwinden und der gesamte S-Bahnverkehr wieder über die beiden alten Bahnsteige geführt werden.

Vom nächsten Bahnhof Pankow erlaubt ein Blick zurück in Richtung Bornholmer Straße, auch die ehemalige Trasse auszumachen, die zwischen den Häuserreihen in der Grünthaler Straße verlief. Der Bahnhof Pankow wird in den nächsten Jahren auch einen U-Bahnanschluß an die U 2 erhalten. Die Bauarbeiten in der Berliner Straße sind bis kurz vor dem Bahndamm abgeschlossen. Hinter dem S-Bahnhof entwickelt sich auf der rechten Seite der Rangierbahnhof Pankow.

Wie auch auf anderen Strecken wurden die Rangierbahnhöfe vor dem Berliner Innenring erbaut. Ursprünglich lagen die Güterbahnhöfe unmittelbar in der Nähe des Kopfbahnhofs der entsprechenden Bahn (vgl. die Lage des Schlesischen Güterbahnhofs). Erst mit der Notwendigkeit des Austauschs von Güterwagen und dem Bau der Berliner Ringbahn, die ja ursprünglich nur dem Güterverkehr dienen sollte, wurden bevor die Güterzüge die Ringbahn erreichten, die Verschiebebahnhöfe, wie sie ursprünglich hießen, errichtet.

Rangierbahnhöfe in Berlin

Name der Bahn	Name des Rangierbahnhofs	Jahr der Errichtung
Potsdamer Bahn		
Anhalter Bahn	Tempelhof	
Stettiner Bahn	Pankow	1894
Frankfurter Bahn	Rummelsburg	
Hamburger Bahn	Wustermark	1909
Ostbahn	Lichtenberg	1879
Görlitzer Bahn	Schöneweide	1909
Lehrter Bahn	Wustermark	1909
Dresdener Bahn	Tempelhof	
Nordbahn	Pankow	1894
GAR/BAR	Wuhlheide	1941

Der Versand und der Empfang der Güter blieben in einigen Fällen in der Nähe der Kopfbahnhöfe, z. B. Anhalter Güterbahnhof, Hamburger und Lehrter Bahnhof.

Zurück zur Fahrt mit der S 8. Am S-Bahnhof Heinersdorf überquert eine Straßenbrücke, der Ausläufer des Autobahnzubringers auf den Berliner Ring, die Bahnanlagen. Rechts neben und unter der Brücke liegt das Bahnbetriebswerk Pankow mit einem stützenlosen Lokringschuppen. Auf der weiteren Fahrt stößt auf der rechten Seite ein Gleis der ehemaligen Industriebahn Tegel–Friedrichsfelde in Richtung Norden auf das Ferngleis.

Auf der S 8, Architektur des Dienstgebäudes auf dem S-Bahnsteig Bernau

Der S-Bahnhof Blankenburg ist Trennungsbahnhof für die S 8 und die S 10. Auf der rechten Seite steht noch das alte Empfangsgebäude des Bahnhofs, das noch den alten Namenszug trägt. Auf der Strecke Richtung Bernau ist dies noch einmal am Bahnhof Zepernick (bei Bernau) zu entdecken. Zwischen Blankenburg und Karow überquert die S-Bahn den BAR am Karower Kreuz. Hier verläßt dann auch die S 10 die gemeinsame Strecke in Richtung Birkenwerder auf dem nördlichen BAR.

Am S-Bahnhof Karow endet die R 27 von Basdorf. S-Bahn und R-Bahn benutzen denselben Bahnsteig. Hinter dem S-Bahnhof unterquert die S 8 die Strecke nach Basdorf. Anschließend wird der Berliner Ring (A 10) überquert. Linker Hand befinden sich ehemalige Rieselfelder,

Im Stil der Neuen Sachlichkeit sind die Empfangsgebäude und Bahnsteige der 1916 in Betrieb genommenen besonderen Vorortgleise von Pankow nach Bernau gestaltet, der S-Bahnhof Röntgental ist nach denkmalpflegerischen Gesichtspunkten 1993 und 1994 restauriert worden.

Straßenansicht des S-Bahnhofs Buch, 1980

Straßenansicht des S-Bahnhofs Pankow an der Florastraße, 1994

Am nördlichen Außenring liegt der Bahnhof Schönfließ, der als Kontrollbahnhof diente.

die mit Wohnhäusern bebaut werden sollen. Auf der rechten Seite in Karow-Nord hat der Bau bereits begonnen.

Am S-Bahnhof Buch endet der 10-Minuten-Takt. Der Ortsteil Buch ist besonders bekannt geworden durch die Kliniken für verschiedene Fachdisziplinen. Der Aufbau der Krankenhausstadt begann 1898, als die Stadt Berlin das Gut Buch aufkaufte und hier verschiedene Anstalten, z. B. für die Altenpflege und Lungenkrankheiten, bauen ließ. Der Bahnhof war auch Endpunkt für eine Industriebahn in die Stadtgüter von Hobrechtsfelde. Die schmalspurige Bahn verlief bis in die Wälder von Lanke etwa 10 km hinter Bernau.

Die Weiterfahrt ähnelt den Fahrten auf den anderen Vorortstrecken. Sie endet in Bernau.

Bahnhöfe der S 8

Station	Eröffnet im Jahre	Frühere Namen
Schönhauser Allee	1879	
Bornholmer Straße	1935	
Pankow	1880	Pankow-Schönhausen
Pankow-Heinersdorf	1893	
Blankenburg	1877	
Karow	1882	
Buch	1875	
Röntgental	1903	
Zepernick (bei Bernau)	1881	
Bernau (b Bln)	1842	

S 9 von Westkreuz nach Spandau und Falkensee sowie von Adlershof nach Flughafen Berlin-Schönefeld

Die Vorortbahnsteige des Bahnhofs Westkreuz liegen im Einschnitt. Die Strecke Richtung Spandau steigt an, und am nächsten Bahnhof Eichkamp liegt sie parallel zur Fernbahnstrecke nach Spandau.

Der S-Bahnhof Heerstraße liegt im Villenort Westend. Seit 1994 werden für einige Jahre die S-Bahngleise für den Fernverkehr von der Stadtbahn nach Spandau genutzt. Hier trennen sich auch die beiden Gleispaare. Der Fernverkehr wechselt auf die andere Seite der S-Bahngleise und wird über den Bahnhof Ruhleben entlang der Hauptwerkstatt Grunewald des U-Bahn-Kleinprofilnetzes nach Spandau geführt.

Die S-Bahn erreicht den Bahnhof Olympiastadion, der aus einem Bahnsteig für den normalen Verkehr und mehreren Kopfbahnsteigen für den Sonderverkehr zum Olympiastadion besteht.

Bahnhöfe der S 9

Station	Eröffnet im Jahre	Frühere Namen
Westkreuz	1928	Ausstellung
Eichkamp	1929	Deutschlandhalle
Heerstraße	1909	
Olympiastadion	1909	Stadion-Grunewald, Reichssportfeld
Pichelsberg	1911	
Spandau	1911	Vorortbahnsteig, Hbf
Altglienicke	1962	
Grünbergallee	1962	
Flughafen Berlin-Schönefeld	1962	Zentralflughafen Berlin-Schönefeld

S 10 von Blankenburg über den nördlichen BAR nach Hohen Neuendorf und von Schöneweide nach Spindlersfeld

Die S-Bahnstrecke über den nördlichen BAR ist eine Folge des Mauerbaus im Jahre 1961. Durch die Trennung des S-Bahnnetzes war es nicht mehr möglich, die nördlichen Vororte von Berlin an den Strecken nach Velten und Oranienburg zu erreichen. In kürzester Zeit wurden die beiden Gleise des nördlichen BAR mit Stromschienen versehen und im Berufsverkehr der 20-Minuten-Takt zwischen Blankenburg und Oranienburg aufgenommen. Um den S-Bahnhof Hohen Neuendorf ebenfalls anzuschließen, wurde eine bis an die Berliner Stadtgrenze heranreichende neue Strecke gebaut.

Über die Streckengleise des BAR führten aber auch die Reise- und Güterzüge nach Schwerin und Rostock sowie der Schnellverkehr nach Falkenhagen und Nauen. Daher war es nur möglich, im Berufsverkehr den 20-Minuten-Takt beizubehalten. Außerhalb dieser Zeit wurde der 60-Minuten-Takt gefahren. Die Wechselstromelektrifizierung der Strecke machte den Bau eines getrennten Gleispaares für den Gleichstrombetrieb erforderlich. Diese S-Bahnstrecke ist heute zum Teil eingleisig und hat ihre eigentliche Bedeutung verloren. Es werden auf der S 10 nur Halbzüge mit vier Wagen eingesetzt.

Noch im Berliner Stadtgebiet sind einige Stationen baulich vorbereitet, die für neue Wohgebiete gedacht waren. Der Flächennutzungsplan sieht auf den ehemaligen Rieselfeldern Wohnungsbau vor.

Zwischen Spindlersfeld und Schöneweide wurden 1904 bis 1907 Versuche mit Wechselstrom vorgenommen, die zur Elektrifizierung der Hamburger Stadt- und Vorortbahn den Anstoß gaben.

Bahnhöfe der S 10

Station	Eröffnet im Jahre
Spindlersfeld	1892
Oberspree	1892
Blankenburg	1877
Mühlenbeck-Mönchmühle	
Schönfließ	
Bergfelde	
Hohen Neuendorf	

Mit der S-Bahn unter dem Berliner Stadtzentrum hindurch

Schon während des Baus der Berliner Stadtbahn entstand der Gedanke, ein ähnliches Bauwerk auch für die Nord-Süd-Richtung zu bauen. Das war aber vor allem wegen der baulichen Schwierigkeiten nicht möglich. Wegen der fortgeschrittenen Bebauung in Richtung einer solchen Verbindung, etwa vom Stettiner Bahnhof bis zum Potsdamer Bahnhof, schied eine Hochbahn aus. Auf den Bau eines Untergrundbahntunnels war der technische Entwicklungsstand um 1880 noch nicht vorbereitet. Es gab mehrere Projekte einer direkten Verbindung der Kopfbahnhöfe. Im Jahre 1910 brachte der Wettbewerb Groß-Berlin eine Fülle von Vorschlägen.

Da man nicht beides haben konnte, eine Fernbahndurchbindung bzw. eine Verbindung der Vorortstrecken miteinander, verzichtete man auf die Fernbahn und favorisierte eine Nahverkehrsverbindung. Und das mußte dann aber nicht mehr eine Eisenbahn sein, es konnte eine U-

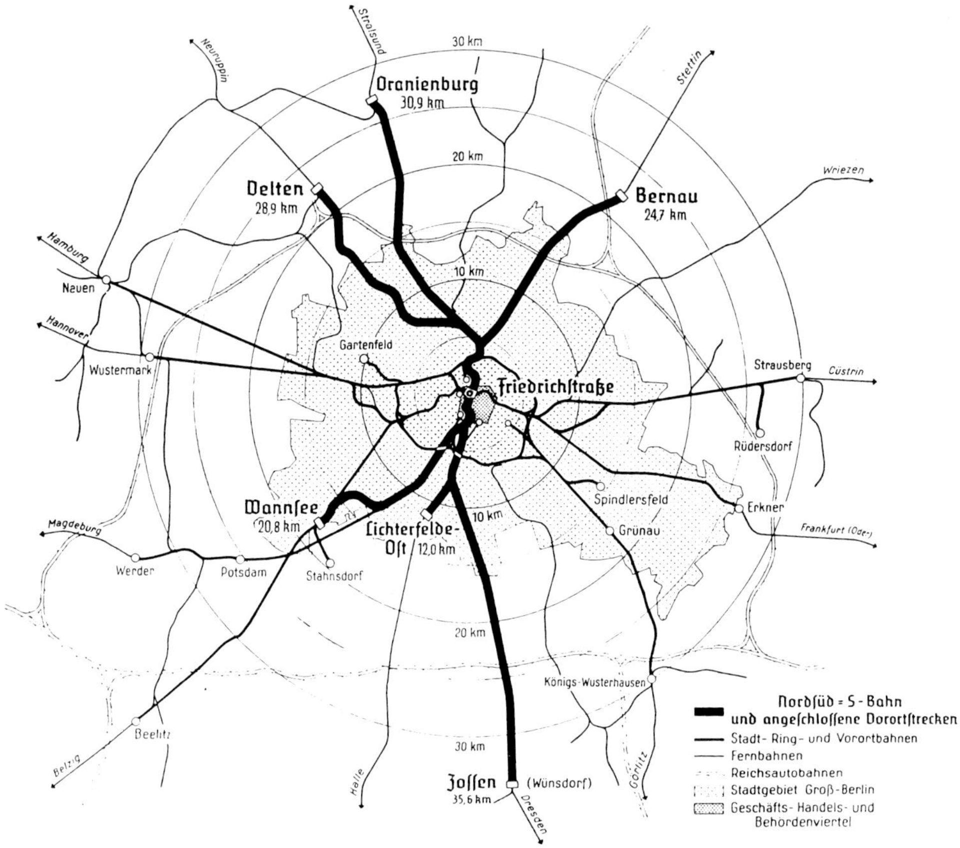

Lage der Nord-Süd-S-Bahn im Netz der Berliner S-Bahn zu Beginn der 30er Jahre

Bahn sein. Die erste Idee wurde 1892 veröffentlicht. Sie war als U-Bahn gedacht, verband aber die südlichen und nördlichen Vorortstrecken gleismäßig nicht miteinander. Das Konzept der 30er Jahre ging dann von einer Verbindung dieser Vorortstrecken durch die Berliner City aus. Baubeginn für die neue Untergrundbahn war 1933. Die Bauzeit erstreckte sich bis 1940. Zu den Olympischen Sommerspielen des Jahres 1936 wurde der nördliche Abschnitt bis zum Bahnhof Unter den Linden eröffnet.

Das Bauwerk ist eine technische Meisterleistung im Verkehrstunnelbau der 30er Jahre. Abgesehen davon, daß der Tunnel unter engen Straßen gebaut wurde, sind einige bautechnische Verfahren des Tunnelbaus erstmals erfolgreich angewendet worden. Genannt werden sollen die chemische Verfestigung des Baugrundes und die Abfangung von Häusern, z. B. des Mitteleuropäischen Reisebüros am Potsdamer Platz. Auf die architektonische Gestaltung der Bahnhöfe wurde großer Wert gelegt. Das drückte sich u. a. in der unterschiedlichen Farbigkeit der einzelnen Bahnhöfe aus. Der Fahrgast sollte auch durch die Farbgebung wissen, an welcher Station er sich befindet. Die Erkenntnisse von der Gestaltung unterirdischer Verkehrsbauten des Nahverkehr sind in dieses Bauwerk eingeflossen. Verwiesen sei auf den Bahnhof Potsdamer Platz, der gegenwärtig noch eine Baustelle ist und der in den 30er Jahren entsprechend dem städtebaulichen Umfeld – hier konzentrierten sich die Zentralen von Politik und Wirtschaft – großzügig gestaltet wurde. Andere Bahnhöfe wie der Stettiner und der Anhalter Bahnhof bestehen nicht mehr. Noch in der Phase der Bauausführung wurden Pläne geändert. Dadurch verzögerte sich die Fertigstellung, und es kam zu einem verstärkten Arbeitsdruck. Daraus folgte auch der Einsturz der Baugrube südlich des Brandenburger Tores im Jahre 1935, der 19 Todesopfer forderte.

Die Bahnhöfe wurden alle in 1 1/2geschossiger Tiefenlage errichtet. Das bedeutet, daß ein Zwischengeschoß für den Fußgängerquerverkehr oberhalb des eigentlichen Bahnsteigs liegt. Von diesem führen die Treppen direkt zu den Bahnsteigen. Bemerkenswert ist, daß fast alle Bahnsteige mit Rolltreppen ausgerüstet wurden.

Zum Kriegsende wurde der Tunnel unter dem Landwehrkanal (südlich des Anhalter Bahnhofs) gesprengt. Dadurch liefen weite Teile des Tunnelbauwerks voll Wasser. Das inspirierte Filmschöpfer zu Filmen um diese Sprengung, die mit übertriebenen Opferzahlen operierten. Mit großer Wahrscheinlichkeit war das Geschehen aber nicht so dramatisch, wenn es auch die Sinnlosigkeit der Zerstörung ziviler Objekte in den letzten Kriegsstunden demonstriert, denn der Tunnel wurde erst am 2. Mai 1945 gesprengt.

Zum Projekt selbst gehören aber auch einige Veränderungen im Vorfeld nördlich und südlich des eigentlichen Tunnelbauwerkes. Das beginnt bereits an der Zusammenführung der Nordbahnstrecken am heutigen S-Bahnhof Bornholmer Straße. Dieser Bahnhof ist 1935 in Betrieb genommen worden. Die Wohnbebauung des Umfeldes des Bahnstrecken war um das Jahr 1930 erst im Entstehen begriffen. Die Straßenbahn wurde erst 1928 über die Bornholmer Straße gebaut. Gegenwärtig sind der Bahnhof und das Umfeld in Richtung Gesundbrunnen und Schönhauser Allee Bauplatz für das Nordkreuz.

Der Bahnhof Gesundbrunnen hat 1930 U-Bahnanschluß durch die heutige U 8 erhalten. Der nicht mehr benutzte Fußgängertunnel unter den ehemaligen Bahnsteigen (Ring- und Fernbahn) verband die U-Bahn und

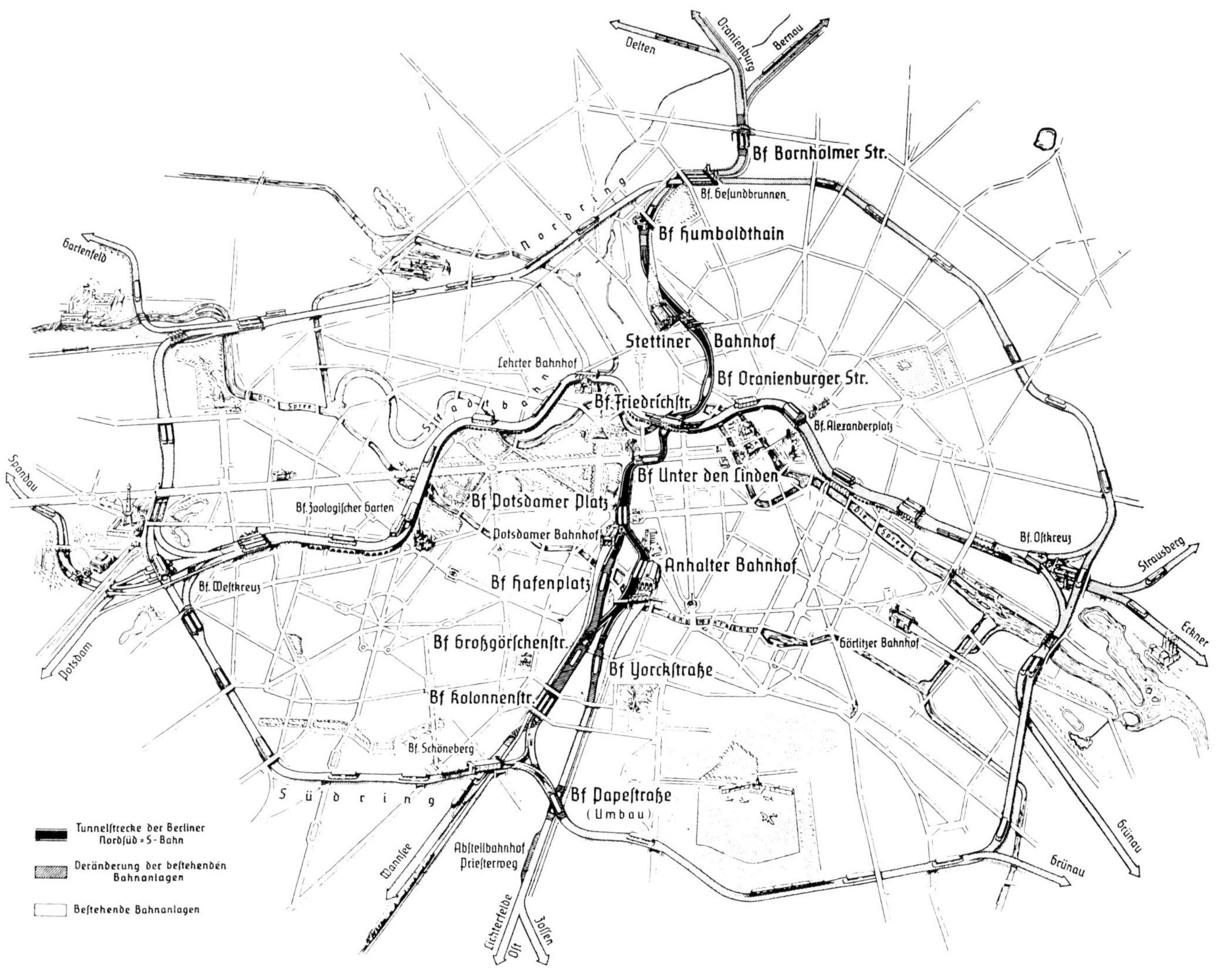

Die zu schaffende Verbindung zwischen dem Stettiner Bahnhof einerseits und dem Potsdamer und Anhalter Bahnhof andererseits zeigt das Bild aus der ersten Hälfte der 30er Jahre sehr deutlich.

Besonders kompliziert gestaltete sich beim Bau der Nord-Süd-S-Bahn die Unterfahrung des Bahnhofs Friedrichstraße, das Modell verdeutlicht dies.
Kupsch

den noch in Betrieb befindlichen Vorortbahnsteig. Der Bahnhof Gesundbrunnen ist Teil des Nordkreuzes, und der Baufortschritt wird bald alles Alte durch Neues ersetzt haben. Zur Zeit berühren die S 1 und die S 2/S 25/S 26 sowie ein Gütergleis von Tegel kommend und in Richtung Güterbahnhof Charlottenburg verlaufend den Bahnhof. Über das Gütergleis werden auch die Aushubmassen für das Nordkreuz abtransportiert. Dieses Gleis wird im Zuge des Baufortschritts in nächster Zeit verlegt, so daß die Schienenverbindung in Richtung Schönholz an den Güterbahnhof Greifswalder Straße angeschlossen wird.

Das Bahnhofsgebäude an der Kleinen Behmstraße ist im Krieg beschädigt und verändert wieder aufgebaut worden. Der Bahnhof liegt in der sog. –1-Ebene und wird durch eine Gewölbebrücke in Zuge der Brunnen- und Badstraße überquert. Die drei Bahnsteige konnte man über einen oberirdischen Verbindungsgang von dieser Brücke oder vom Empfangsgebäude von der Kleinen Behmstraße aus betreten. Nur letzteres ist heute noch möglich. Die Planungen gehen von einem Bahnhof mit fünf Bahnsteigen aus: zwei S-Bahnsteige, die im Richtungsverkehr betrieben werden, und drei Fernbahnsteige für den Fern- und Regionalverkehr. Die von Norden kommenden Züge werden nicht mehr in Richtung der alten Stettiner Bahn weiterfahren, sondern in Richtung Westen am S-Bahnhof Wedding vorbei hinaus. Nach dem Pilzkonzept werden die Züge über eine neu zu bauende Verbindungskurve in Richtung Lehrter Bahnhof (Zentralbahnhof) geführt.

Der S-Bahnzug unterfährt die Brücken der Ringbahn, auf denen nur das oben erwähnte Gütergleis liegt, und fährt an einer Stützmauer vorbei, die die Hochstraße trägt. Diese wurde Ende des 19. Jahrhunderts errichtet, als die Stettiner Bahn ihren direkten Weg Richtung Pankow nahm und in die heutige Lage über den Bahnhof Gesundbrunnen verlegt wurde, der ursprünglich ausschließlich an der Ringbahn lag. Auf der linken Seite befindet sich ein Gleis, das vom Güterbahnhof Gesundbrunnen kommt und zeitweise mit einer Stromschiene ausgerüstet war, so für Umsetzfahrten von S-Bahnzügen benutzbar. Ein weiteres Gleis ist das Zuführungsgleis für die Werke in der Brunnenstraße. Schaut man nach oben, sind die Reste des Luftschutzbunkers im Humboldthain zu erkennen. Er ist heute zum Teil mit Trümmerschutt bedeckt. Die Spitze ist eine Aussichtsplattform, von der ein Blick auf die entstehenden neuen Anlagen um den Bahnhof Gesundbrunnen lohnt.

Auch der folgende S-Bahnhof Humboldthain ist ein Bau der 30er Jahre. Unmittelbar dahinter auf der linken Seite lag des Stammwerk des Lokomotivwerkes „Berliner Maschinenbau-Actien-Gesellschaft vormals L. Schwartzkopff" an der Scheringstraße. Die Lokomotivproduktion ist 1899 in die neue Lokomotivfabrikation nach Wildau an der heutigen S 6 verlagert worden.

Es folgt die große Brücke über den Straßenstern Gar-

Rammarbeiten für die Nord-Süd-S-Bahn vor dem Portal des Potsdamer Bahnhofs, 1937
LB

tenstraße, Liesenstraße und die Einmündung der Ackerstraße. Im Herbst 1994 lag die dreigleisige Gitterfachwerkbrücke für die ehemaligen Gleise zum Stettiner Bahnhof noch. Neben zwei Hauptgleisen gehörte dazu noch ein Zuführungsgleis zum Bahnbetriebswerk Gesundbrunnen. Die S-Bahngleise haben bereits vor 1961 eine neue Brücke erhalten. Über die ehemaligen Bahnhofsanlagen des abgerissenen Stettiner Bahnhofs verlief die Mauer.

Die S-Bahnhöfe der Nord-Süd-S-Bahn, die im Bezirk Mitte liegen, wurden während der Teilung Berlins mit Ausnahme des Bahnhofs Friedrichstraße ohne Halt durchfahren. Die Eingänge waren zugemauert und die Bahnhöfe zudem bewacht.

Im Anschluß an die Brücke beginnen die Rampen zum Tunnel Richtung Süden. Links befinden sich die leergeräumten Flächen des Stettiner Bahnhofs. Ursprünglich, d. h. bis 1936, fuhren die elektrischen Vorortzüge in den Vorortbahnhof des Stettiner Bahnhofs an der Zinnowitzer Straße. Das Empfangsgebäude ist noch vorhanden. Die Bahnsteige jedoch sind im Zusammenhang mit dem Bau der Nord-Süd-S-Bahn durch ein S-Bahn-Betriebwerk ersetzt worden. Es war bis 1984 zuständig für die S-Bahnlinien durch den Tunnel. Mit der Übernahme der S-Bahn in Berlin (West) durch die BVG im Januar 1984 wurde es geschlossen. Bis zu diesem Zeitpunkt war es Grenzgebiet.

Der Tunnel unterquerte das gesamte Vorfeld des Stettiner Bahnhofs und das Empfangsgebäude. Der Bau wurde unter laufendem Betrieb ausgeführt. Besonders im Bäderverkehr zur Ferienzeit war der Stettiner Bahnhof hochbelastet. Und wegen der Bedeutung dieses Bahnhofs und des Umfeldes – hier an der Invalidenstraße liegt die nördlich Begrenzung der Berliner City – erhielt der Bahnhof zwei Bahnsteige mit vier Gleise und zwei Kehranlagen: eine zweigleisige nördlich des Untergrundbahnhofs und eine eingleisige südlich der beiden Bahnsteige.

Oberhalb des Tunnels wurden das sog. Ämtergebäude und ein Unterwerk für den Gleichstrombetrieb der S-Bahn im Tunnel errichtet. Von diesem führt ein direkter Zugang zu den Gleisen. Das Ämtergebäude beherbergt heute die Verwaltung der S-Bahn GmbH.

Südlich der Invalidenstraße wurden Häuser abgerissen, um den Tunnel zu errichten. Der Tunnel verläuft weiter unter der Tucholskystraße. Im Schnittpunkt mit der Oranienburger Straße liegt der gleichnamige S-Bahnhof. Im engen Querschnitt dieser Straße mußten die Hausfundamente besonders gesichert werden. Es folgt die Spreeunterquerung. Die alte Ebertsbrücke im Zuge der Tucholskystraße wurde seinerzeit abgerissen und nach Errichtung des Tunnels wieder aufgebaut. Die Brücke wurde im Krieg

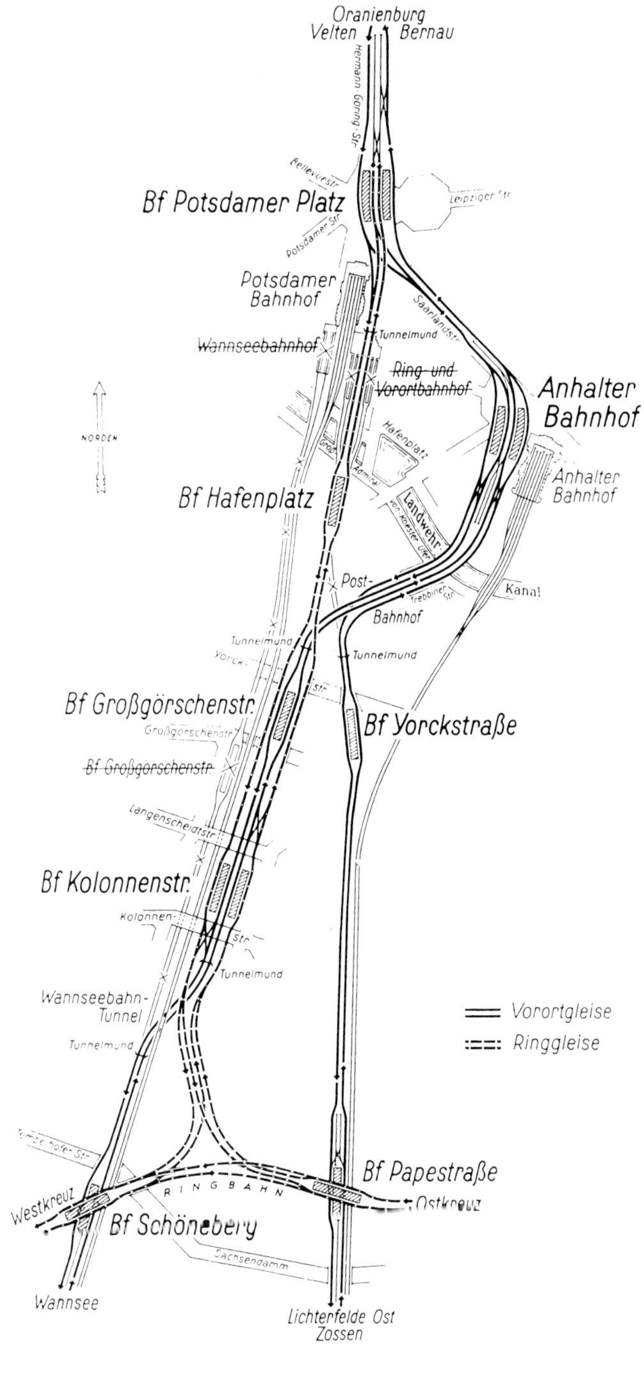

So sollte es nach Fertigstellung im südlichen Teil aussehen. Zum Beispiel fehlt die direkte Führung der S-Bahn südlich aus dem Potsdamer Platz, wenn auch die Tunnelstutzen vorhanden sind, für die geplante S 21 wurden Vorleistungen erbracht.

zerstört und dann abgetragen. Heute befindet sich hier eine Behelfsbrücke. Die Spreeunterfahrung ist im zweiten Weltkrieg durch Bomben mehrmals getroffen worden, so daß von hier aus, und nicht nur wegen der Sprengung des Landwehrkanals, Wasser in den S-Bahntunnel drang. Der Tunnel verläuft dann weiter unter dem Weidendamm und überfährt nördlich der Weidendammer Brücke den Tunnel der U 6, um anschließend sich wieder abzusenken.

Die Unterfahrung des Bahnhofs Friedrichstraße, der in den 20er Jahren zwei Fernbahnsteige und einen S-Bahnsteig erhalten hatte, gestaltete sich schwierig. Man mußte die Stahlkonstruktion des oberirdischen Bahnhofs besonders abfangen und dann den unterirdischen Bahnhof errichten.

Bis zum Fall der Mauer bestand hier die Möglichkeit von Berlin (West) aus, ohne die Grenzabfertigung zu benutzen, in die Fernbahn und die S-Bahn, aber auch in die U 6 umsteigen. Der Bahnhof befindet sich nicht mehr in der ursprünglichen architektonischen Form.

Im anschließenden Bereich in Richtung Neustädtische Kirchstraße mußten während der Bauzeit einige Häuser unterfahren werden, die heute nicht mehr existieren. Aus zeitgenössischen Berichten ist bekannt, wie schwierig das mitunter war. Es wurden z. B. von Hand Schächte unterhalb der Häuser gegraben, die mit Stahlbeton verfüllt wurden und die Abfangkonstruktion für die Häuser zu tragen hatten. Von diesen Konstruktionen existiert nur noch das Haus Neustädtische Kirchstraße /Ecke Unter den Linden.

Der folgende Bahnhof Unter den Linden ist von 1936 bis 1939 zeitweilig Endstation der Nord-Süd-S-Bahn gewesen. Er liegt unter der südlichen Fahrbahn der Straße Unter den Linden. Der Tunnel unterquert den Pariser Platz und verläuft südlich des Brandenburger Tores unter der Ebertstraße. Hier weitet sich der Tunnel, um eine zweigleisige Kehranlage aufzunehmen, die vom Bahnhof Potsdamer Platz aus anzufahren ist und die erst während der Bauausführung nachträglich in das Konzept aufgenommen wurde. Die Kehranlage steigt vom Potsdamer Platz her an und war für die Verlängerung einer S-Bahnstrecke in Richtung Lehrter Bahnhof gedacht. Planungen für das Pilzkonzept berücksichtigen dieses Tunnelteilstück. Eine Nutzung der als S 21 geplanten S-Bahnstrecke ist vorgesehen.

Besonders großzügig ist der S-Bahnhof Potsdamer Platz gestaltet worden. Das bezieht sich auf das große Zwischen- und Verteilergeschoß und die große Anzahl von Zugangstreppen direkt zu den Bahnsteigen und zum Zwischengeschoß. Der Potsdamer Platz war der verkehrsreichste Platz Berlins. Hier waren die innerstädtischen Verkehrsmittel und der Eisenbahnfernverkehr vereinigt. Der Potsdamer Platz liegt am westlichen Ende der ehemaligen großen Berliner Einkaufsstraße, der Leipziger Straße. Zwischen Spittelmarkt und Potsdamer Platz verkehrten vor dem ersten Weltkrieg ca. 230 Straßenbahnen pro Stunde und Richtung! Hier endete 1902 die erste Strecke der Berliner Hoch- und Untergrundbahn, die 1908 bis zum Bahnhof Spittelmarkt verlängert wurde. Und hier lag auch der erste Berliner Bahnhof der 1838 eröffneten Berlin-Potsdamer Eisenbahn, der Potsdamer Bahnhof mit seinen Flügelbahnhöfen Wannseebahnhof (seit 1891) und Ring- und Vorortbahnhof (seit 1901). Selbstverständlich spielte hier auch der Omnibus eine Rolle.

Aber nicht nur nördlich des S-Bahnhofs Potsdamer Platz ist eine geplante Erweiterung baulich vorbereitet. Auch unmittelbar südlich der beiden Bahnsteige sind Überwerfungsbauwerke für die Einführung der Ringbahn vorgesehen. Diese sind niveaufrei im Tunnel vorhanden. Der Weiterbau ist bisher nicht erfolgt, wenn auch Überlegungen für eine Nutzung für eine direkte Streckenführung unter Umgehung des S-Bahnhofs Anhalter Bahnhof angestellt wurden. Die damaligen Überlegungen gingen davon aus, die Ringbahnzüge von Süden kommend im Potsdamer Platz enden zu lassen und den Flügelbahnhof des Potsdamer Bahnhofs aufzugeben, weil die Vorortzüge nun im Potsdamer Ring- und Vorortbahnhof nicht mehr endeten, sondern durch die Stadt hindurch mit den nördlichen Vorortstrecken verbunden wurden.

Im der Nachkriegszeit und während der Mauer ist das Gelände um den Potsdamer Platz herum mehr und mehr zu einer Brache geworden. Im Herbst 1994 wurde der Grundstein für den Aufbau durch die Daimler Benz AG gelegt. Der Bahnhof Potsdamer Platz wird seine alte Bedeutung wieder erhalten. Dazu wird auch ein Regionalbahnhof mit zwei Bahnsteigen beitragen, der entsprechend dem Pilzkonzept im zu errichtenden Eisenbahntunnel vorgesehen ist. Die beiden Bahnsteige werden westlich des S-Bahnhofs ebenfalls in Nord-Süd-Richtung liegen und mit Wechselstrom elektrifiziert.

In Ost-West-Richtung ist an eine neue U-Bahnlinie (U 3) gedacht. Sie soll die westliche City um den Bahnhof Zoologischer Garten mit dem Alexanderplatz verbinden und in Richtung Weißensee weitergebaut werden.

Hinter dem S-Bahnhof Potsdamer Platz unterfährt der S-Bahntunnel den Tunnel der U-Bahnlinie am südlichen Ende des U-Bahnsteiges. Der S-Bahntunnel liegt tiefer als üblich, weil oberhalb die vorgesehene U-Bahnlinie von Treptow nach Moabit hier Platz finden sollte.

Der Tunnel schwenkt von der Stresemannstraße in einem Bogen Richtung Süden und weitet sich in einen Bahnhof mit zwei Bahnsteigen auf. Der S-Bahnhof Anhalter Bahnhof ist unmittelbar neben dem Empfangsgebäude des alten Anhalter Bahnhofs errichtet worden. Zwei Bahnsteige waren wegen des starken Fernverkehrs vom und zum Anhalter Bahnhof notwendig und weil sich hier die südlichen Vorortstrecken teilen. Eine Besonderheit besitzt der Bahnhof allerdings. Das westliche Bahnhofsgleis hat keinen Streckenanschluß und besaß auch mehrere Jahrzehnte kein Gleis. Hier sollte das Gleis vom Görlitzer Bahnhof liegen. Die geplante S-Bahnstrecke sollte die Görlitzer Bahn über den Görlitzer Bahnhof, den Moritzplatz und die Kochstraße mit den südlichen Vorortstrecken am Anhalter Bahnhof verbinden.

Wie erwähnt, teilen sich südlich des Anhalter Bahnhofs die Strecken nach Papestraße (weiter nach Blankenfelde und Teltow) und die Wannseebahn über Schöneberg. Kurz vor dem Tunnelmund sind nach der Fertigstellung der Tunnelwände Veränderungen für eine große Nord-Süd-Straßenachse vorgenommen worden.

Auf der Wannseebahn folgt als nächster Bahnsteig Yorckstraße, Großgörschenstraße. An diesen Standort ist der Bahnhof im Zusammenhang mit dem Bau der Nord-Süd-S-Bahn verlagert worden. Der alte lag südlich davon und auf der westlichen Seite der Fernbahngleise. Offenbar spielte die Nähe zur Yorckstraße für die Verlagerung des Bahnhofs eine Rolle. Mit dem Bau der U 7 ist hier ein wichtiger Umsteigeknoten im Schnellbahnnetz von Berlin entstanden.

Bis zum folgenden Bahnhof Schöneberg wechselt das S-Bahngleispaar die Lage zu den Ferngleisen und zwar durch einen Tunnel. Bevor es in diesen Tunnel geht, erkennt man auf der linken Seite die Reste des ehemaligen Ringbahnhofs Kolonnenstraße. Ein Neubau an dieser Stelle ist für die Wannseebahn geplant.

Bahnhöfe der Nord-Süd-S-Bahn

Station	Eröffnet im Jahre	Frühere Namen
Bornholmer Straße	1935	
Gesundbrunnen		
Humboldthain	1935	
Stettiner Bahnhof	1936	Nordbahnhof
Oranienburger Straße	1936	
Friedrichstraße	1936	
Unter den Linden	1936	
Potsdamer Platz	1939	
Anhalter Bahnhof	1939	
Yorckstraße, Großgörschenstraße		Großgörschenstraße

Unter den Straßen Berlins mit der U-Bahn

Aus der Geschichte der Berliner U-Bahn

Die Berliner U-Bahn zählt nach Budapest (1896) und Paris (1900) zu den ältesten Untergrundbahnen auf dem europäischen Festland. Sie hat heute ein Länge von 165,3 km und wird mit 9 Linien betrieben, die mit Ausnahme der U 15 autark sind, d. h., es gibt keine Linienverzweigungen.
Die Spurweite beträgt 1435 mm. Der Gleichstrom wird den Triebwagen über eine dritte Schiene zugeführt. Auf dem Kleinprofilnetz verkehren in der Regel 8-Wagen-Züge und auf dem Großprofilnetz 6-Wagen-Züge. Während beim Kleinprofil die Tiefenlage meist einfach ist, ist sie beim Großprofil überwiegend 1 1/2fach. Das gestattet, die Eingänge zu den U-Bahnsteigen auch als Fußgängertunnel zu benutzen. Die Profilunterschiede entstanden aus der unterschiedlichen Auffassungen über die Leistungsfähigkeit und die Kosten der U-Bahnen.

Die erste, 1902 eröffnete Strecke wurde im Kleinprofil gebaut. Sie geht auf die Idee von Werner von Siemens zurück. Er hatte im Jahre 1879 auf der Berliner Gewerbeausstellung in der Nähe des Lehrter Bahnhofs die erste elektrische Lokomotive im praktischen Betrieb vorgestellt. Dieses Jahr gilt als die Geburtsstunde des elektrischen Bahnbetriebes. Siemens dachte von Anfang an, seine Erfindung, die auf dem ebenfalls von ihm entdeckten elektrodynamischen Prinzip beruhte, in einer Hochbahn für Berlin nutzbringend anzuwenden. Ihm wurde jedoch die Genehmigung versagt, und um den praktischen Betrieb zu erproben, errichtete er 1881 in dem damaligen Vorort Groß-Lichterfelde bei Berlin eine elektrische Straßenbahn. Diese Straßenbahn war die erste der Welt.

Die Pläne für den Bau eines Netzes elektrischer Schnellbahnen wurde weiter verfolgt, und 1897 begannen die Bauarbeiten für die heutige U 1. Daneben bemühten sich auch andere Firmen um die Genehmigung zum Bau und Betrieb elektrischer Bahnen. 1892 schlug die AEG den Bau einer Nord-Süd-Bahn vor. Eugen Langen, der Schöpfer der Wuppertaler Schwebebahn, unterbreitete 1894 den Plan für ein Netz von Schwebebahnen. Zwei Jahre darauf begann die Continentale Gesellschaft für Elektrische Unternehmungen den Bau eines Tunnels unter der Spree zwischen Stralau und Treptow. Wegen einer Reihe technischer Schwierigkeiten war er erst 1899 fertig. Er diente bis 1932 einer Straßenbahnlinie zur Unterquerung der Spree.

Waren die ersten Bauten von Gesellschaften geplant und ausgeführt worden, begannen zunehmend auch die Städte, Untergrundbahnen zu bauen. Als erste von einer

Typ A I, Baujahre bis 1926
Hütter

Übersicht über die Berliner U-Bahnlinien

Linien Nummer	Streckenführung	Bemerkung
U 1	Warschauer Brücke–Schlesisches Tor–Gleisdreiecke–Wittenbergplatz–Krumme Lanke	
U 15	Uhlandstraße–Wittenbergplatz–Gleisdreieck–Kottbusser Tor	
U 2	Vinetastraße–Alexanderplatz–Gleisdreieck–Wittenbergplatz–Ruhleben	
U 4	Nollendorfplatz–Innsbrucker Platz	
U 5	Alexanderplatz–Bahnhof Lichtenberg–Hönow	
U 6	Alt-Tegel–Bahnhof Friedrichstraße–Hallesches Tor–Alt-Mariendorf	
U 7	Rathaus Spandau–Wilmersdorfer Straße (Nähe Bahnhof Charlottenburg) Hermannplatz–Rudow	längste Berliner U-Bahnstrecke
U 8	Wittenau, Wilhelmsruher Damm (S-Bahnhof Wittenau Nordbahn)–Gesundbrunnen–Alexanderplatz–Hermannplatz–Leinestraße	Verlängerung bis S-Bahnhof Hermannstraße im Bau
U 9	Osloer Straße–Turmstraße–Bahnhof Zoologischer Garten–Rathaus Steglitz	

Die Linien 1, 15, 2 und 4 sind im sog. Kleinprofil mit einer Wagenkastenbreite von 2,30 m, die Linien 5, 6, 7, 8 und 9 im sog. Großprofil mit einer Wagenkastenbreite von 2,65 m gebaut worden.

Typ A II, Baujahr 1928
Hütter

Rechte Seite:
Zustand des Berliner U-Bahnnnetzes im Jahre 1929 und die damals geplanten Erweiterungen
Bousset: Die Berliner U-Bahn 1935

Normalprofile des lichten Raumes für das Groß- und das Kleinprofil der Berliner U-Bahn
Bousset: Die Berliner U-Bahn 1935

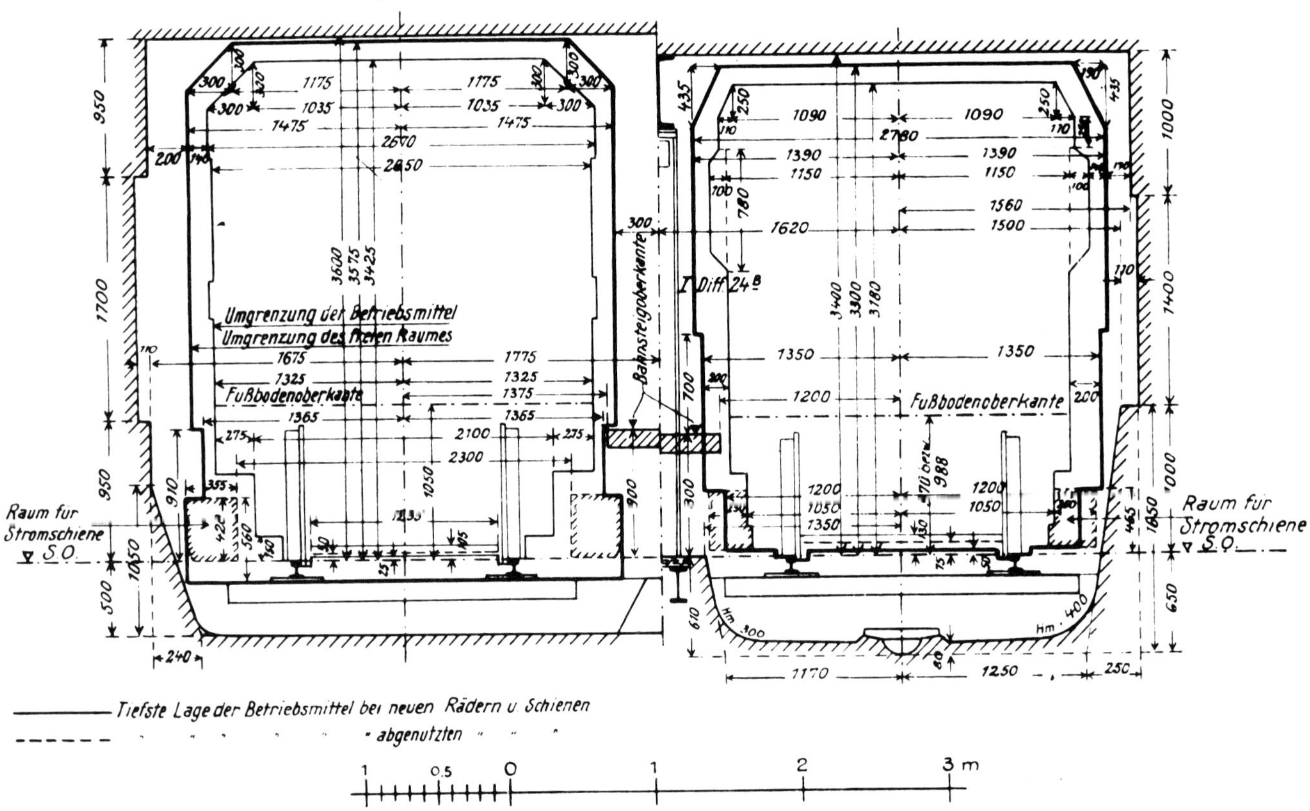

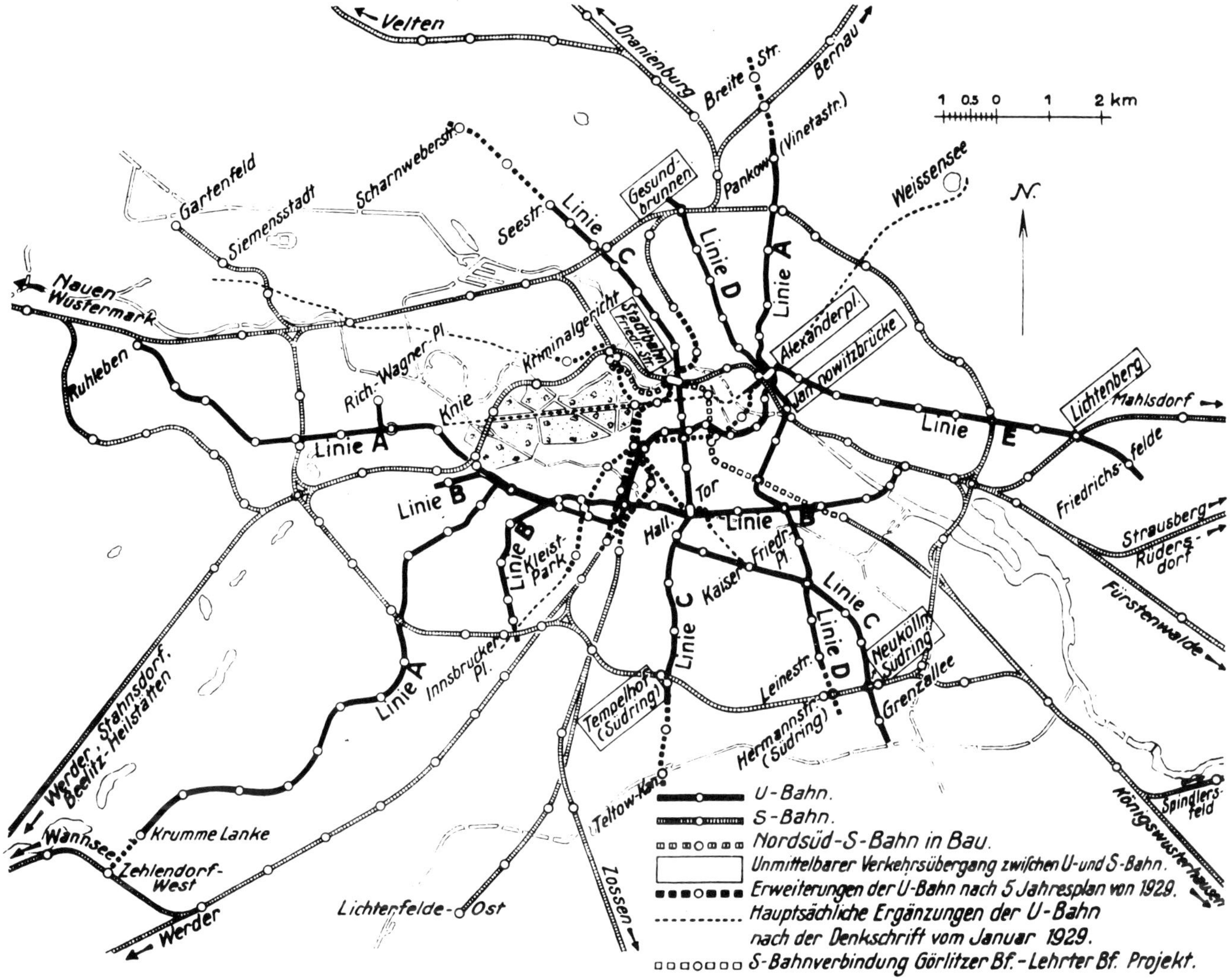

Gemeinde errichtete U-Bahn wurde im Dezember 1910 die Städtische U-Bahn Schöneberg in Betrieb genommen (heutige U 4). Die Gemeinde Berlin wurde ebenfalls aktiv. Und sie ging vom bisherigen Kleinprofil ab und führte das Großprofil ein. Die erste städtische U-Bahnstrecke der Stadt Berlin war ein Teilabschnitt der heutigen U 6, der zwischen Stettiner Bahnhof (heute Zinnowitzer Straße) und dem Halleschen Tor im Jahre 1923 eröffnet wurde.

Auch die AEG wendete auf ihrer U-Bahnstrecke zwischen Gesundbrunnen und Neukölln (heutige U 8) das Großprofil an. Auf diesem Abschnitt dauert der Kampf U-Bahn gegen Schwebebahn bis kurz vor Beginn des ersten Weltkrieges. So stand in der Brunnenstraße um das Jahr 1908 einige Zeit ein Schwebebahnprobegerüst. Die weiteren Bauten der Berliner U-Bahn sind dann vorwiegend im Großprofil errichtet worden, im Kleinprofil einige Streckenverlängerungen, z. B. von Nordring (S-Bahnhof Schönhauser Allee) nach Vinetastraße.

Das Baugeschehen bei der Berliner U-Bahn wird in der Literatur in drei Etappen eingeteilt.

Einteilung der Bauetappen der Berliner U-Bahn

Etappen	Heutige Linien	Bemerkungen
1. bis 1913	U 1, U 15, U 2, U 4	Kleinprofil
2. bis 1930	U 5, U 6, U 8,	Großprofil
3. ab 1953	Verlängerungen und	
	U 9, U7	Großprofil

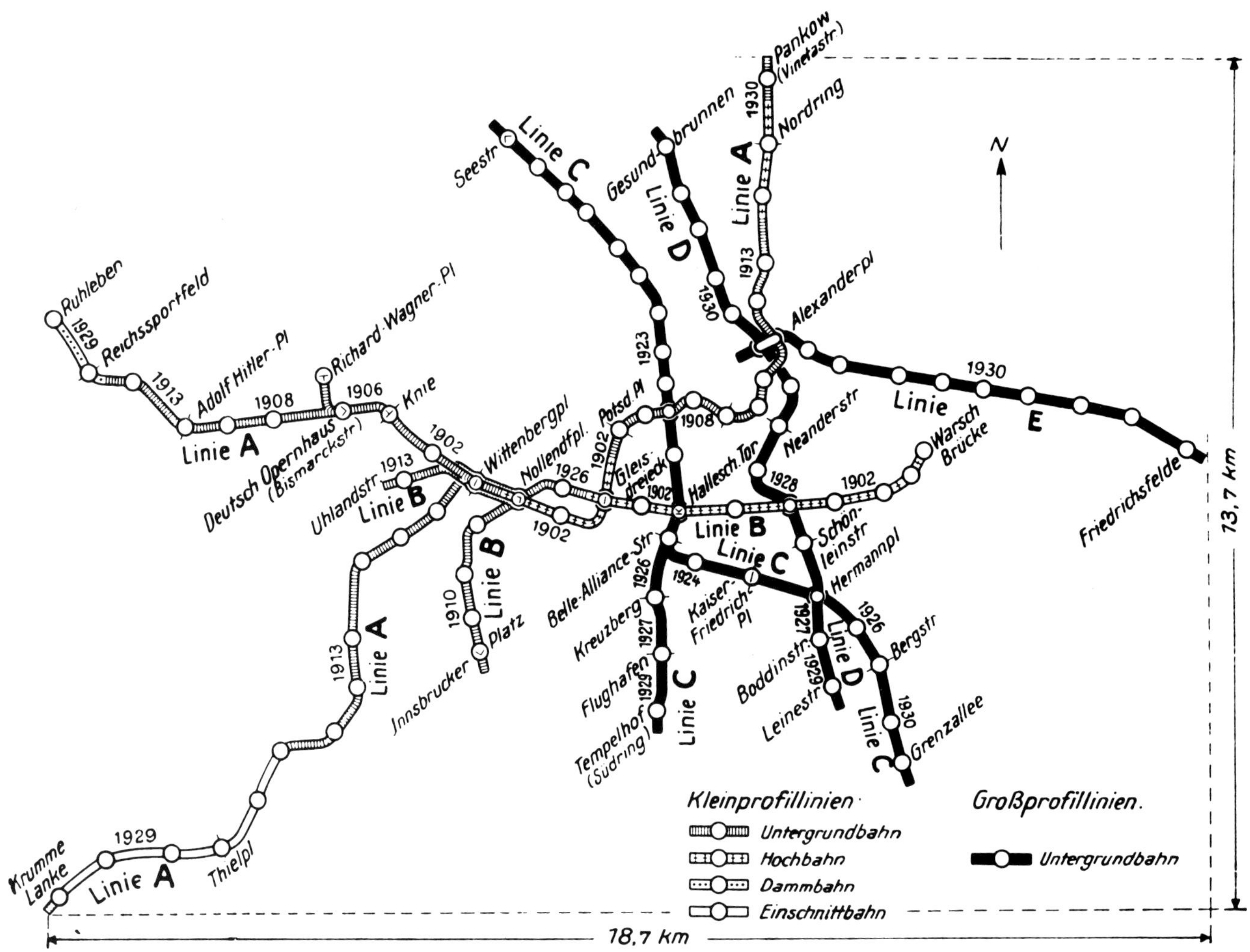

Linienbezeichnungen für das Berliner U-Bahnnetz um 1930
Bousset: Die Berliner U-Bahn 1935

Die U-Bahngesellschaften wurden 1928 mit der Berliner Straßenbahn-Betriebsgesellschaft m.b.H. und der Allgemeinen Berliner Omnibus-Aktiengesellschaft (ABOAG) zur Berliner Verkehrs-Aktiengesellschaft (BVG) zusammengeführt. Die neue Gesellschaft nahm den Betrieb am 1. Januar 1929 auf. Nach der Eröffnung der damaligen U-Bahnlinie E zwischen Alexanderplatz und Friedrichsfelde ruhte der U-Bahnbau bis in die 50er Jahre.

In Berlin (West) war es das erklärte Ziel, die Straßenbahn einzustellen, den U-Bahnbau voranzutreiben und dem Omnibus die Zubringerfunktion zu den Schnellbahnhöfen zuzuweisen. Dabei wurde besonders ab 1961, dem Jahr des Baus der Berliner Mauer, wenig oder keine Rücksicht auf das bestehende und ebenfalls auszubauende Stadtschnellbahnnetz der Berliner S-Bahn genommen. Hieraus erklären sich die entsprechenden Planungen und Betriebseröffnungen. Ein Beispiel hierfür ist die U 7 nach Spandau, die mit einer noch nicht wieder in Betrieb genommenen S-Bahn von der Stadtbahn nach Spandau konkurriert. Erst nach der Wiedervereinigung Berlins gibt es wieder eine einheitliche Planung, die allen Verkehrsmitteln den entsprechenden Platz zuweist.

In der Zeit von 1961 bis November 1989 konnten die in Berlin (Ost) liegenden Bahnhöfe der U 6 und der U 8 nicht betreten werden. Für die U 6 bestanden im Bahnhof Friedrichstraße Übergangsmöglichkeiten.

In Berlin (Ost) wurden bis 1989 die heutige U 5 von Friedrichsfelde nach Hönow weitergebaut und die Verlängerung der U 2 von Vinetastraße nach Rathaus Pankow begonnen.

Gegenwärtig ist der Teilabschnitt Vinetastraße–Rathaus Pankow der U 2 im Kleinprofil im Bau. Im Flächennutzungsplan sind Erweiterungen des U-Bahnnetzes vorgesehen, die bis auf einige Verlängerungen (z. B. Leinestraße–S-Bahnhof Hermannstraße der U 8) noch eine Reihe von Jahren bis zu ihrer Fertigstellung benötigen. Da der Ausbau der Straßenbahn ebenfalls beschlossen wurde, ist die Diskussion darüber entbrannt, ob die eine oder andere Strecke nicht doch als Straßenbahn gebaut werden sollte.

U 1/U 15 Warschauer Brücke - Krumme Lanke bzw. Uhlandstraße

Die U 1 fährt von der Station Warschauer Brücke nach Krumme Lanke. Der Endpunkt nach dem August 1961 war Schlesisches Tor. Der Lückenschluß zwischen den Stationen Schlesisches Tor und Warschauer Brücke wird im Herbst 1995 hergestellt sein.

Der Streckenabschnitt zwischen der heute nicht mehr bestehenden Station Stralauer Tor/Osthafen am Nordufer der Spree (auf der Seite des Bezirkes Friedrichshain) und dem Gleisdreieck mit Verbindungen nach Zoologischer Garten und zum Untergrundbahnhof Potsdamer Platz ist das älteste Stück der Berliner Hoch- und Untergrundbahn, es war am 18. Februar 1902 eröffnet worden.

Zwischen dem S-Bahnhof Warschauer Straße und dem Bahnhof Zoologischer Garten bildet die U 1 bzw. die U 2 die südliche Ergänzung der Berliner Stadtbahn. Die Streckenführung wurde überwiegend aus dem Grund gewählt, weil ausreichend breite Straßen für den Bau einer Hochbahn vorhanden waren. Nach heutigem Empfinden ist das aber nicht so zutreffend.

Die Brücke über die Spree, die Oberbaumbrücke, markiert den Eingang in das alte Berlin. „Oberbaum“ weist daraufhin, daß hier aus Steuergründen, wenn die Tore der Stadt geschlossen wurden, auch der Baum ins Wasser gelassen wurde. Der Unterbaum befand sich übrigens in der Nähe des Reichstages. Die Brücke wurde im märkischen Baustil errichtet. Sie ist im Kriege beschädigt worden. Der Straßenverkehr rollt seit dem 9. November 1994 wieder.

Durch die Skalitzer und die Gitschiner Straße verläuft die U 1 als Hochbahn. Die Bahnhöfe sind meist mit Seitenbahnsteigen ausgerüstet. Der Görlitzer Bahnhof weist auf den nicht mehr bestehenden Kopfbahnhof der Berlin-Görlitzer Eisenbahn hin. Wie auch andere Bahnhofsnamen im Berliner Stadtgebiet deutet Kottbusser Tor auf die Lage der Stadttore hin, die einen Durchlaß durch die Akzisemauer gestatteten und die in der Mitte des vorigen Jahrhunderts abgerissen wurde. Das wohl berühmteste und noch stehende Tor ist das Brandenburger Tor. Zurück zum Kottbusser Tor. Im Zuge des Baus der U 8 wurde die

1995 ist die Lücke zwischen dem Hochbahnhof Warschauer Brücke im Bezirk Friedrichshain und dem Hochbahnhof Schlesisches Tor im Bezirk Kreuzberg geschlossen worden. Blick auf das Reiterstellwerk des Bahnhofs, im Hintergrund die für den Straßenverkehr 1994 in Betrieb genommene Oberbaumbrücke.

Die Empfangshalle des Hochbahnhofs Warschauer Brücke wird grundlegend erneuert.

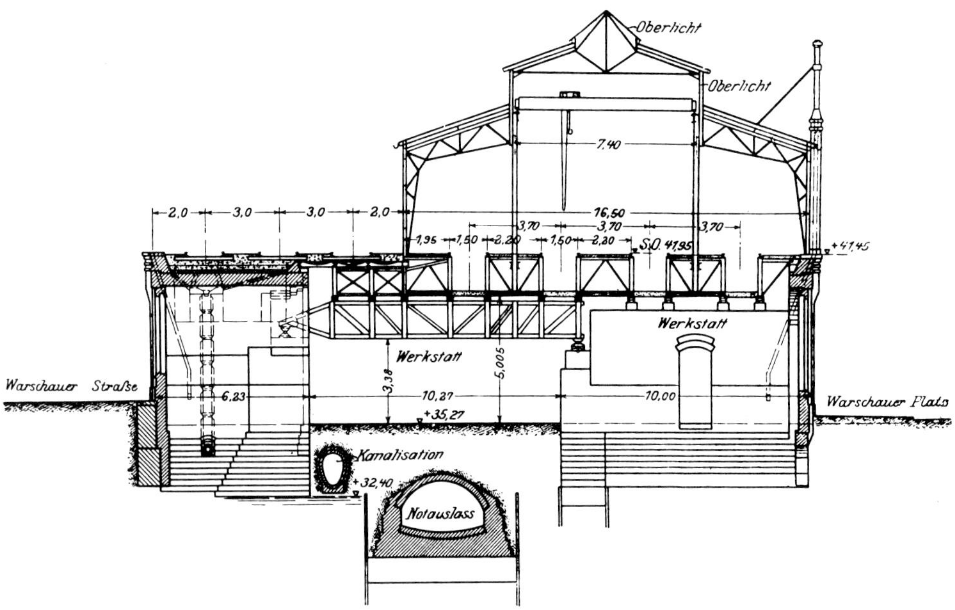

Querschnitte des Hochbahnhofs Warschauer Brücke, 1902
Langbein: Die Berliner Hoch- und Untergrundbahn 1902

Halle des Bahnhofs erneuert, und sie erhielt dabei einen Mittelbahnsteig.

Bei der Vorbeifahrt sind hin und wieder noch restaurierte alte Fassaden aus der Zeit vor dem ersten Weltkrieg zu entdecken. Die Neubauten verweisen auf den Grad der Zerstörung durch den Bombenkrieg, der besonders im südlichen Zentrum und in Kreuzberg ganze Stadtviertel vernichtete.

In seiner ursprünglichen Form ist der Hochbahnhof Hallesches Tor erhalten geblieben. Besonders im Berufsverkehr wird es auf den Seitenbahnsteigen sehr eng. Die Fundamente dieses Bahnhofs und des Bahnhofs Möckernbrücke stehen in den Umfassungsmauern des Landwehrkanals. Der Bahnhof Möckernbrücke wird auch von der U 7 berührt. Er ist ein wichtiger Umsteigebahnhof für Fahrten aus dem Südosten in Richtung der westlichen City. Von hier ist eine Fahrt mit der Hochbahn besonders interessant. Die Hochbahnkonstruktion überspannt den

Hochbahnstrecke auf der Oberbaumbrücke um 1902, links im Hintergrund auf der Friedrichshainer Seite der nicht mehr bestehende Hochbahnhof Stralauer Tor/Osthafen

Blick auf den Hochbahnhof Görlitzer Bahnhof mit einem Zug des Typs A I
B. Schulz

Landwehrkanal. Links erkennt man den östlichen Kopfbau des Anhalter Güterbahnhofs. Heute ist hier ein Teil des Museums für Verkehr und Technik untergebracht. Der westliche Kopfbau fiel nach Zerstörungen im Kriege dem Bau der U 7 zum Opfer. Er soll jedoch für das Museum wieder aufgebaut werden. Die beiden Hallen für den Empfang und den Versand der Stückgüter werden mit einem Dach überbaut und sollen einmal die Kommunalfahrzeugsammlung des Museums aufnehmen. Unmittelbar unter der Hochbahn überquerten die Brücken der Anhalter Bahn den Landwehrkanal. Auf der rechten Seite einige hundert Meter weiter nördlich ist der Portikus des Anhalter Bahnhofs zu erkennen. Zwischen den nördlichen noch erkennbaren Stützmauern und diesem Portikus befanden sich die Gleisanlagen des Anhalter Bahnhofs.

Der Hochbahnviadukt steigt an, durchfuhr ein Haus des Kraftwerkes der Hochbahn und erreicht hier seinen höchsten Punkt auf dem Weg zum Bahnhof Gleisdreieck. Dessen Name ist irreführend und nur aus der Geschichte des Bauwerks zu verstehen. Hier bestand bis 1913 tatsächlich ein Gleisdreieck. Es wurden drei Strecken niveaufrei zusammengeführt: von Warschauer Brücke nach Potsdamer Platz und Zoologischer Garten sowie von Potsdamer Platz nach Zoologischer Garten. Nach einem schweren Hochbahnunglück (Flankenfahrt eines U-Bahnzuges in einen anderen) im Jahre 1908 entschloß man sich zum Umbau in der heutigen Form. Im Jahre 1913 wurde der Turmbahnhof eröffnet. Aber erst im Jahre 1927 kam es zur Verlängerung der heutigen U 1 in Richtung Nollendorfplatz. Bis zu diesem Zeitpunkt endeten hier die Züge von Warschauer Brücke. Es mußte zur Linie A (heute U 2) umgestiegen werden.

Die anschließende Brücke überspannte die heute in ihrer Ausdehnung nicht mehr vorhandenen großen Anlagen des Potsdamer Bahnhofs. Auch die letzten Reste von Bauten aus dieser Zeit werden hier bald verschwunden sein. Zur Zeit ist in nördlicher Richtung das Logistikzentrum für den Aufbau des Potsdamer Platzes zu erkennen.

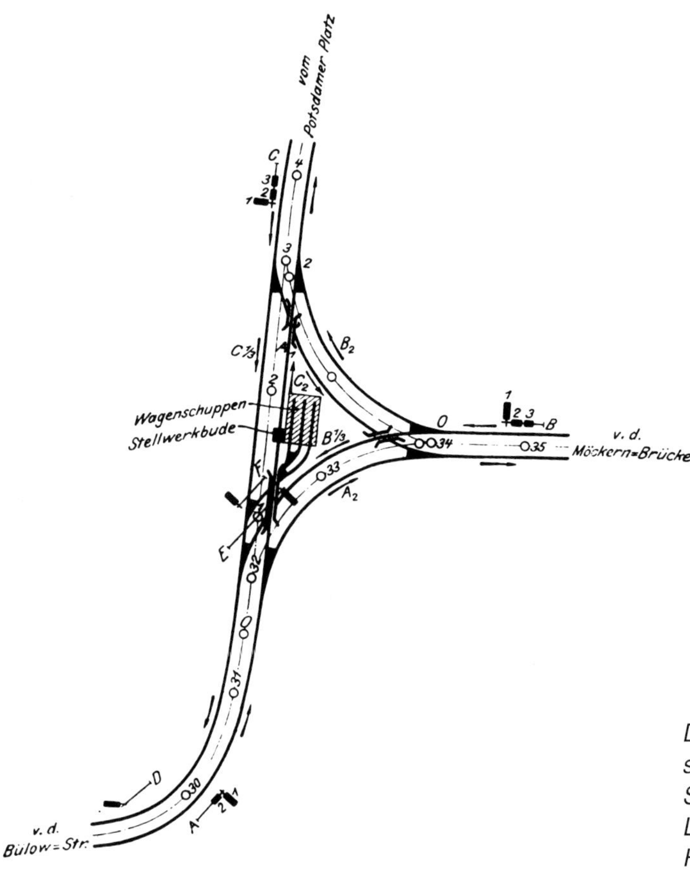

Signaleinrichtungen Bahnhof Gleisdreieck
Langbein: Die Berliner Hoch- und Untergrundbahn 1902

Bis hierher fahren die Züge, und es wird auf Lastkraftwagen umgeschlagen, die über eine neue Straßenbrücke, die in der Achse der Potsdamer Bahn liegt und die Kanaluferstraßen und den Landwehrkanal überquert, die eigentliche Baustelle erreichen.

Unterhalb der Hochbahnbrücke wird sich der südliche Tunnelmund des viergleisigen Eisenbahntunnels unter dem Tiergarten befinden. Unmittelbar nach Überquerung der Eisenbahnanlagen durchfährt der Zug ein Haus, und die Strecke senkt sich als Rampe durch die Hinterhöfe der Häuser der parallelverlaufenden Pohl- und Kurfürstenstraße zum U-Bahnhof Kurfürstenstraße hinab.

Es folgt der Hoch- und Untergrundbahnhof Nollendorfplatz, der zu den interessanten Bauten der Berliner U-Bahn gehört. Eröffnet im Jahre 1902 mit einer der vorneh-

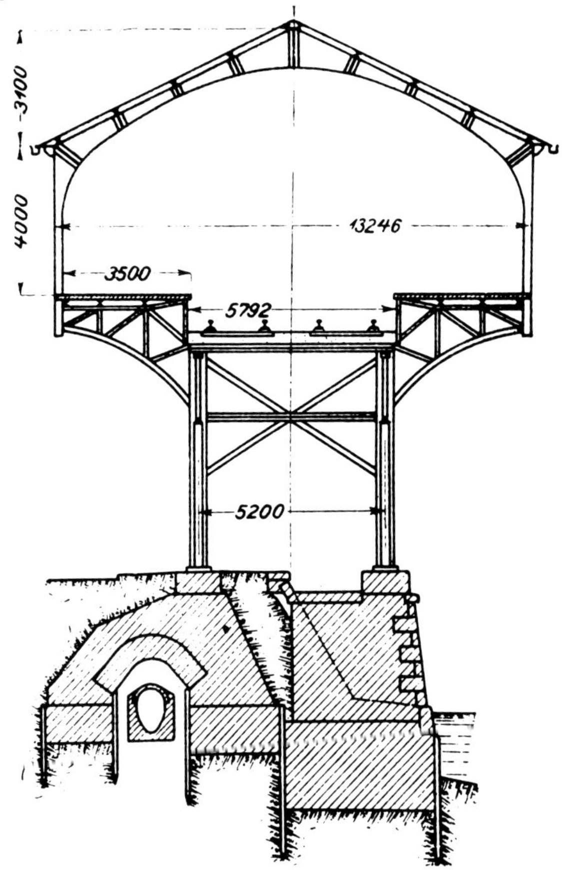

Die erste Hochbahnstrecke hatte vorwiegend Seitenbahnsteige und mußte sich den engen Verhältnissen im Straßenraum anpassen, ein Streckenteil wurde direkt am Landwehrkanal errichtet, das Bild zeigt die Gestaltung des Hochbahnhofs Hallesches Tor, wie er auch noch heute besteht.
Langbein: Die Berliner Hoch- und Untergrundbahn 1902

Innenansicht des Untergrundbahnhofs Heidelberger Platz, 1994

Eingang zum Untergrundbahnhof Heidelberger Platz

men Umgebung angepaßten Hochbahn-Architektur, wurde er im Jahre 1910 der Endpunkt der Schöneberger Untergrundbahn. 1926 entstanden zwei weitere Bahnsteige (zwei übereinander liegende Bahnsteige im Richtungsbetrieb), und zwar für den gerade beschriebenen unterirdischen Streckenabschnitt zum Bahnhof Wittenbergplatz und für eine Verlängerung der heutigen U 4 nach Norden über den Magdeburger Platz in Richtung Zentrum. Heute jedoch endet die U 4 am Nollendorfplatz, sie macht am oberen Bahnsteig „Kopf".

Auch der nächste Bahnhof Wittenbergplatz ist in diesem Zeitraum umgebaut worden. Ebenfalls 1902 eröffnet, ist aus einer einfachen Station ein großer Umsteigebahnhof geworden, als nämlich die Strecken nach Uhlandstraße und Krumme Lanke hier ihren Anfang nahmen. Für geplante Erweiterungen ist Platz vorgesehen.

Die Weiterfahrt verläuft bis zum Bahnhof Breitenbachplatz im Tunnel. Unterwegs ist die Architektur einzelner Bahnhöfe ansehenswert. Verwiesen sei auf den Bahnhof Heidelberger Platz, der im Schnittpunkt mit dem Südring der Berliner S-Bahn liegt. Die Decke dieses Bahnhofs ist als Gewölbe gestaltet.

Der folgende Abschnitt bis Krumme Lanke ist als Einschnittbahn ausgeführt worden, und zwar so, daß eine Überdeckung möglich ist. Die Empfangsgebäude sind dem Charakter der Gegend angepaßt. Bemerkenswert ist der Bahnhof Dahlem Dorf. Der Flächennutzungsplan 1994 sieht eine Verlängerung bis zum S-Bahnhof Mexikoplatz vor.

Inbetriebnahme der U 1

Streckenabschnitt	Eröffnet im Jahre
Warschauer Brücke–Gleisdreieck Zoologischer Garten–Knie	1902
Umbau Gleisdreieck	1912
Gleisdreieck–Nollendorfplatz–Wittenbergplatz	1927
Wittenbergplatz–Thielplatz	1913
Thielplatz–Krumme Lanke	1929

Die U 15 ist sehr kurz. Jahrelang bestand sie aus dem Abschnitt Wittenbergplatz–Uhlandstraße, unter dem Einkaufszentrum Tauentzienstraße / Kurfürstendamm. In der ursprünglichen Planung sollte sie westwärts unter dem Kurfürstendamm fortgesetzt werden.

Inbetriebnahme der U 15

Streckenabschnitt	Eröffnet im Jahre
Wittenbergplatz–Uhlandstraße	1913

U 2 Vinetastraße - Ruhleben

Unsere Fahrt mit der U 2 beginnt am nördlichen Endpunkt am Bahnhof Vinetastraße im Bezirk Pankow. Der Bahnhof liegt im Tunnel und ist ein großer Umsteigepunkt zwischen der U-Bahn, der Straßenbahn nach Rosenthal (53), Niederschönhausen (52) und Buchholz (50) sowie zu einer Reihe von Omnibuslinien. Diese erschließen den Bezirk Pankow, stellen eine Verbindung zum Bezirk Wedding her und eine Linie fährt bis zum nördlichen Ende des Bezirks. Unmittelbar nach Verlassen des Bahnhof beginnt die Rampe zur Hochbahn in der Schönhauser Allee. Die nächste Station Schönhauser Allee war bis 1930 Endstation. Die zweigleisige Kehranlage befand sich zwischen dem Bahnhof und der heutigen Erich-Weinert Straße, von der Straße her erkennbar an der unterschiedlichen Konstruktion der Hochbahn.

Die Hochbahn in der Schönhauser Allee ist sehenswert. Man war bestrebt, die Anlage von der Straßen her durchsichtig zu machen. Das ist im wesentlichen auch gelungen. Der Mittelstreifen unter der Hochbahn war gärtnerisch gestaltet. Die Breite der Straße ist im Gegensatz zur Hochbahn der U 1 günstiger.

Zwischen den Stationen Eberswalder Straße und Senefelderplatz überwindet die Hochbahn den Unterschied zwischen der +1-Ebene und der –1-Ebene sowie den Höhenunterschied zwischen der Hochfläche des Barnim und dem Berliner Urstromtal. Das sind insgesamt ca. 35 m. Das erkennt man auch daran, daß der U-Bahnhof Senefelderplatz in der Neigung liegt.

Über die Bahnhöfe Rosa-Luxemburg-Platz und Alexanderplatz erreicht der Zug den Bahnhof Klosterstraße. Dieser Bahnhof war ursprünglich als Trennungsbahnhof für die Linien Stadtmitte–Schönhauser Allee (eröffnet 1913) und eine geplante Linie durch die Frankfurter Allee gedacht. Die Erfahrungen mit Innenstadt-U-Bahnstrecken geboten eine Abkehr von dieser Planung, weil der notwendige dichte Zugfolgeabstand eine Linienverzweigung nicht gestattete. Die Linie durch die Frankfurter Allee ist dann später als Großprofillinie im Jahre 1930 eröffnet worden. Das ist die heutige U 5.

Die beabsichtigte Gestaltung des Bahnhofs Klosterstraße ist noch ablesbar. Es waren ein Mittelbahnsteig für die Züge aus der Frankfurter Alle und von der Schönhauser Allee und ein Seitenbahnsteig für die Züge aus der Stadtmitte vorgesehen. Dafür sind an beiden Bahnsteigenden jeweils zwei getrennte Treppen angeordnet. Der Seitenbahnsteig sollte gegenüber dem einen Gleis durch ein Gitter gesichert werden, wie es noch heute auf dem U-Bahnhof Wittenbergplatz der Fall ist.

Nach 1945 und der Spaltung in eine BVG (Ost) und eine BVG (West) standen im Ostteil der Stadt keine Hauptwerkstätten und auf der Kleinprofilstrecke Vinetastraße–Mohrenstraße keine Betriebswerkstatt zur Verfügung. Die Aufgaben der Hauptwerkstatt übernahm das damalige Reichsbahnausbesserungswerk Schöneweide und die Aufgaben der Betriebswerkstatt für die Kleinprofilzüge die Betriebswerkstatt Friedrichsfelde. Die Überführung der Fahrzeuge mittels Straßenroller zum Raw konnte nur von der Betriebswerkstatt Friedrichsfelde aus erfolgen. Daher war es erforderlich, die Kleinprofilzüge über die Strecke der heutigen U 5 nach Friedrichsfelde zu überführen.

Der fehlende Verbindungstunnel zwischen beiden U-

Bahnstrecken der BVG (Ost) wurde 1951 zwischen Klosterstraße und dem sogenannten Waisentunnel in der heutigen Littenstraße gebaut. Dieser Waisentunnel ist ein Verbindungstunnel zwischen der Kehranlage der U 5 und der U 8, der am U-Bahnhof Jannowitzbrücke einen separaten Spreetunnel hat und südlich der Jannowitzbrücke in die U 8 einmündet.

Der Bahnhof ist außerdem durch seine Gestaltung als Denkmal der Berliner Verkehrsgeschichte interessant. Anläßlich der 750-Jahrfeier im Jahre 1987 sind einige Sachzeugen und Emailleschilder mit Motiven aus der Berliner Verkehrsgeschichte anstelle der sonst üblichen Reklametafeln angebracht worden. Die Geschichte der vier Berliner Verkehrsmittel S-Bahn, U-Bahn, Straßenbahn und Omnibus zwischen der Jahrhundertwende und den 60er Jahren wird veranschaulicht. Im ehemals geplanten Gleis von Frankfurter Allee steht der Kopfteil eines Triebwagens der Schöneberger U-Bahn, und in der Ausfahrt

Historische Aufnahme des Hochbahnhofs Schönhauser Allee, als die Züge hier noch endeten (um 1910) und die Hochbahn noch Formsignale verwendete. Links im Hintergrund ist das Empfangsgebäude der Ringbahn erkennbar.

Baugrube der U 2 in der Berliner Straße in Pankow, es ist eine Verlängerung von Vinetastraße über S-Bahnhof Pankow bis Pankow Kirche geplant.

Ansicht der Hochbahn in der Schönhauser Allee

Querschnitt durch den Hochbahnhof Eberswalder Straße
Bousset: Die Berliner U-Bahn 1935

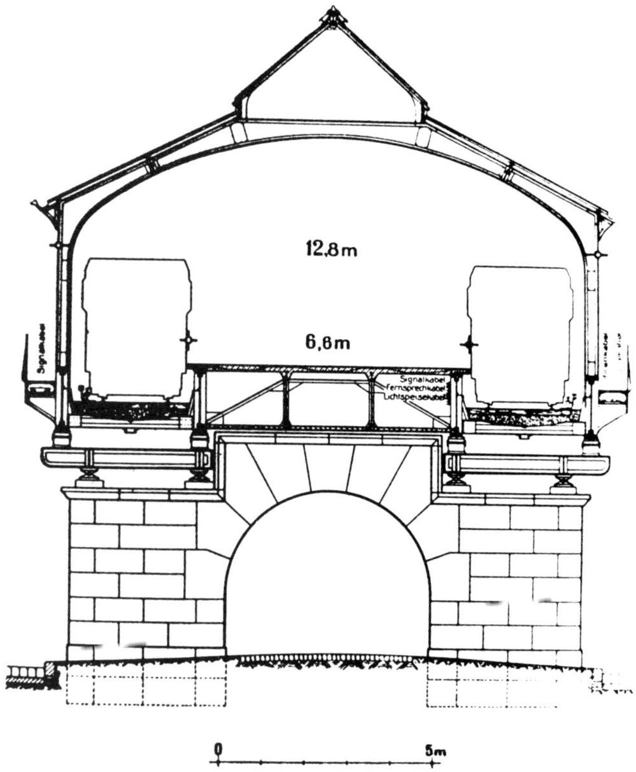

dieses Gleises in Richtung Stadtmitte befinden sich Einrichtungen eines Stellwerkes der Berliner U-Bahn.

Der Anfang des Verbindungstunnels ist vom Bahnsteiggleis Richtung Alexanderplatz gleich hinter der Ausfahrt auszumachen. Heute hat er seine Bedeutung verloren, weil wieder die Hauptwerkstätten zur Verfügung stehen und die Kleinprofilzüge in der Betriebswerkstatt Grunewald gewartet werden können.

Der U-Bahnbau im Kleinprofil erreichte im Jahre 1913 seinen Höhepunkt. Das war für die Firma Siemens & Halske Anlaß, im südlichen Zwischengeschoß an ihre Leistungen zu erinnern. Auf einer großen Eisentafel werden die Persönlichkeiten gewürdigt, die sich um die Herstellung der Berliner Hoch- und Untergrundbahn verdient gemacht haben. Ebenfalls im südlichen Zwischengeschoß sind in Gemälden die geplanten Verlängerungen des Netzes nach Süden und Südwesten, verbunden mit städtebaulichen Vorstellungen, großformatig abgebildet. Die Fliesen des Zugangs sind Nachbildungen von der Prachtstraße Nebukadnezars, die seinerzeit für das Museum nachgefertigt wurden.

Zwischen den Stationen Klosterstraße und Märkisches Museum unterquert der U-Bahn-Tunnel die Spree. Der Tunnelabschnitt an der hier sehr breiten Spree wurde in drei Teilabschnitten gebaut.

Die Station Spittelmarkt hatte bis Kriegsbeginn Fenster zum Spreekanal hin. Sie wurden aus Luftschutzgründen geschlossen. Von der Uferseite sind sie noch auszumachen. Der weitere Verlauf der Strecke wurde durch den Einspruch der Großen Berliner Straßenbahn beeinträchtigt, die es verhinderte, daß der direkte Weg durch die Leipziger Straße genommen werden konnte. Deshalb verläuft die U-Bahn kurvenreich, und es mußten einige Häuser unterfahren werden. Der Bau von 1908 bzw. 1913 verlief umgekehrt, wie die Fahrt hier beschrieben wird. Der Bahnhof Hausvogteiplatz liegt im Bogen. Hier befand sich das Zentrum der Berliner Konfektionsindustrie, ein Industriezweig, der in Berlin bedeutend war.

Eingangsportal des Untergrundbahnhofs Märkisches Museum, 1994

An der Station Stadtmitte, die man sicherlich zurecht so nennen kann, besteht eine Umsteigemöglichkeit zur U 6, von Alt-Tegel nach Alt-Mariendorf. Der lange Umsteigeweg im sog. „Mäusetunnel" hat seine Ursache in einer unabgestimmten Planung vor und nach dem ersten Weltkrieg. Während die beschriebene U 2 eine private U-Bahn war, ist die U 6 als städtische Nord-Süd-Bahn gebaut worden.

Die Station Mohrenstraße hieß bei ihrer Eröffnung im Jahre 1908 Kaiserhof und lag inmitten des Regierungsviertels an der Wilhelmstraße. Hier in der Voßstraße, befand sich der Neubau der Reichskanzlei aus dem Ende der 30er Jahre. Aus diesem Bau wurden beim Wiederaufbau des zerstörten U-Bahnhofs Marmorplatten verwendet. Zugleich erhielt der Bahnhof den Namen Thälmannplatz. Bis zur Durchbindung der U 2 im Herbst 1993 endeten hier die Züge von Pankow kommend. Die sehr kurzen Wendezeiten der Züge waren im Berufsverkehr beachtlich. Es wurden im 2-min-Takt gefahren. Der Streckenabschnitt bis zum Potsdamer Platz wurde zur Abstellung der U-Bahnzüge benutzt.

Beim Bau der Verlängerung vom Potsdamer Platz in Richtung Spittelmarkt wurde am Leipziger Platz zugleich das Warenhaus Wertheim erbaut, d. h., die U-Bahn fuhr im Keller des Hauses. Von all den Bauten rund um den Leipziger Platz (ursprünglich als Octogon angelegt) steht heute kein einziges mehr. Im Herbst 1994 wurde der Grundstein für den Wiederaufbau des Potsdamer Platzes gelegt. Es ist anzunehmen, daß das Areal um den Potsdamer und den Leipziger Platz wieder der belebteste Verkehrsknotenpunkt Berlins wird. Der U-Bahnhof Potsdamer Platz ist nach denkmalpflegerischen Gesichtspunkten wieder aufgebaut worden. Er vermittelt den Eindruck eines Berliner U-Bahnhofs aus der Zeit um 1910, wenn man notwendige moderne Betriebseinrichtungen vernachlässigt.

Im Anschluß an die Kehranlage des Bahnhofs beginnt die Rampe zur Hochbahnstrecke in Richtung Gleisdreieck. Heute sieht man rechts von der Hochbahnrampe nur Baustellen. Aber vor einigen Jahrzehnten stand links von der Trasse das Haus Vaterland, ein weltberühmtes Haus des Vergnügens, und rechts erstreckte sich parallel der Trasse der Potsdamer Bahnhof. Der U-Bahnzug fuhr damals unmittelbar am Potsdamer Ring- und Vorortbahnhof vorbei.

Nach der Überquerung des Landwehrkanals liegt links am Schöneberger Ufer die alte Berliner Eisenbahndirektion aus den 90er Jahren des 19. Jahrhunderts. Bis zum Mauerfall waren hier nur einige Dienststellen der Deutschen Reichsbahn untergebracht. Die Reichsbahndirektion hatte bis 1951 hier ihren Sitz. In jenem Jahr wurde sie in den Bezirk Mitte, in die heutige Torstraße verlegt. Bekanntlich wurde trotz Teilung der Stadt in Sektoren und trotz Mauer der Eisenbahnverkehr von der Deutschen Reichsbahn verwaltet.

Die Trasse verläuft neben dem Gebäude, und es kündigt sich das bereits erwähnte Gleisdreieck an. Man erkennt dies an den unterschiedlichen Höhen der Eisenkonstruktion, die noch auf die ursprüngliche Konstruktion zurückgehen. Es lohnt sich auch auszusteigen, um sich einen Gesamteindruck von dem heute noch imposanten Bauwerk zu verschaffen. Die noch erkennbaren Abmessungen des ehemaligen „Dreiecks" sind beachtlich.

Der Zug der U 2 kommt auf dem unteren Bahnsteig des Gleisdreiecks an. Hier endete auch die Magnetbahn, die für einige Jahre zwischen dem Kemperplatz und hier einen Probebetrieb hatte. Kurz vor ihrer Demontage erhielt die M-Bahn noch ihre Betriebserlaubnis für den Personenverkehr.

In einer Kurve nach Westen schwenkend überquert die Hochbahn die Außenanlagen des Potsdamer Bahnhofs. Dieser Streckenabschnitt ist ein Teil der 1902 eröffneten

Der wiedereröffnete Hochbahnhof Bülowstraße der U 2, 1994

Nach dem Lückenschluß verkehren auch U-Bahnzüge des Typs G I, gebaut im LEW Hennigsdorf, über die Hochbahnrampe in der Bülowstraße

Hochbahn. Am Dennewitzplatz durchfuhr die Hochbahn für viele Jahre ein Wohnhaus, das heute nicht mehr steht. Das Hochbahngerüst in der Bülowstraße bis zum Nollendorfplatz ist in Vorbereitung auf die Lückenschließung teilweise denkmalpflegerisch erneuert und teilweise neu gebaut worden. Bis zur Wiederinbetriebnahme im Dezember 1993 waren der Hochbahnhof Bülowstraße als türkischer Basar und der Hochbahnhof Nollendorfplatz als Trödelmarkt genutzt worden. Zwischen beiden verkehrte von 1972 bis 1990 ein Mitteleinstieg-Straßenbahnwagen des Typs TM 36.

Hinter dem Bahnhof Nollendorfplatz, der im Kriege zerstört und in seiner ursprünglichen Form nicht wieder aufgebaut wurde, senkt sich die Rampe zum U-Bahnhof Wittenbergplatz. Das ist der wichtigste Umsteigebahnhof der U-Bahn in der westlichen City.

Der U-Bahnhof Zoologischer Garten ist Schnittpunkt des Fern- und Regionalverkehrs und des innerstädtischen Verkehrs. Hier treffen die U 2 und die U 9 mit der S-Bahn sowie einer Vielzahl von Omnibuslinien aufeinander. Dieser Knoten ist das verkehrliche Zentrum der westlichen City von Berlin. Weiter geht die Fahrt zu nächsten Station Ernst-Reuter-Platz, die bis zu ihrer Umbenennung Knie hieß. Hier endete 1902 auch der erste Streckenabschnitt der Berliner Hoch- und Untergrundbahn.

Bis zur Station Theodor-Heuss-Platz verläuft die U 2 unter dem Kaiserdamm. Er ist die Fortsetzung der großen Ost-West-Straße, die am Alexanderplatz im Osten beginnt und ihre Fortsetzung im Westen in der Heerstraße findet. Der Ausbau der Straße erfolgte vor dem ersten Weltkrieg im engen Zusammenhang mit dem U-Bahnbau. Wurde in den innerstädtischen Straßen der Tunnel nachträglich in die fertige Straße hineingebaut, ist der Tunnel unter dem Kaiserdamm mit der Straße zusammen gebaut worden.

Am Bahnhof Deutsche Oper begann bis zum Bau der Großprofillinie 7 eine Kleinprofillinie nach Wilhelmplatz. Dieser Streckenabschnitt wurde aufgelassen. Der Bahnhof erinnert mit seinen zwei Bahnsteigen an die kurze Stichbahn, die der Anfang für eine Streckenverlängerung Richtung Norden sein sollte. Am Bahnhof Bismarckstraße besteht Anschluß zur U 7 nach Spandau bzw. nach Rudow.

Wie bereits bei einer Fahrt mit der S 4 erwähnt, hängt die U 2 unterhalb der Straßenbrücke über den Eisenbahnanlagen zwischen den S-Bahnhöfen Westend und Witzleben. Die Fahrt geht zwar schnell darüber hinweg, aber durch das einflutende Tageslicht ist ein kurzer Blick auf die Eisenbahnanlagen möglich.

Am U-Bahnhof Theodor-Heuss-Platz verläßt die U-Bahntrasse den erwähnten Ost-West-Straßenzug und schwenkt in Richtung Nordwesten nach Neu Westend ein. Im Eröffnungsjahr 1913 war die U-Bahn hier das wichtigste Verkehrsmittel.

Bevor die U 2 die nächste Station Olympiastadion erreicht, verläßt sie unterhalb der Fernbahngleise, die von Charlottenburg nach Berlin-Spandau führen, den Tunnel. Der Bahnhof ist zur Zeit der einzige Schnellbahnanschluß für das Olympiastadion, weil der große Bahnhof der S-Bahn auf seine Inbetriebnahme wartet. Hier befindet sich auch die Hauptwerkstatt Grunewald des Kleinprofilnetzes. Die U 2 endet nach einer weiteren Station in Ruhleben mit Anschluß an Omnibuslinien in Richtung Spandau. Auch eine Verlängerung bis Rathaus Spandau ist möglich. Der Bahnhof in Spandau ist für die Aufnahme der U 2 vorgesehen. Mit der Reaktivierung der S-Bahn von der Stadtbahn nach Westkreuz ist der Weiterbau der U 2 eher unwahrscheinlich geworden.

Inbetriebnahme der U 2

Streckenabschnitt	Eröffnet im Jahre
Vinetastraße–Schönhauser Allee	1930
Schönhauser Allee–Spittelmarkt	1913
Spittelmarkt–Potsdamer Platz	1908
Potsdamer Platz–Knie (Ernst-Reuter-Platz)	1902
Knie (Ernst-Reuter-Platz)–Wilhelmplatz (Richard-Wagner-Platz)	1906
Bismarckstraße (Deutsche Oper)–Reichkanzlerplatz (Theodor-Heuss-Platz)	1908
Reichskanzlerplatz (Theodor-Heuss-Platz)–Stadion	1913
Olympia-Stadion (Ost)–Ruhleben	1929

Bahnhof Kemperplatz der Magnetbahn, auch als M-Bahn bezeichnet, unmittelbar nach Erteilung der Betriebserlaubnis wurde die Strecke vom unteren Bahnsteig Gleisdreieck abgetragen, weil sie teilweise auf der Trasse der U 2 verlief.

U 4 Nollendorfplatz - Innsbrucker Platz

Wie oben erwähnt, ist die im Dezember 1910 zwischen Nollendorfplatz und Hauptstraße eröffnete Schöneberger U-Bahn die erste städtische U-Bahn der Welt. Das ist deshalb so bemerkenswert, weil die anderen U-Bahnen meist in Form von Aktiengesellschaften gebaut und betrieben wurden. Die Schöneberger U-Bahn erhielt Anschluß an das Kleinprofilnetz der Berliner Hoch- und Untergrundbahn an der Hochbahnstation Nollendorfplatz. Deshalb ist sie auch im Kleinprofil errichtet worden. Übrigens befindet sich auf dem U-Bahnhof Klosterstraße das Kopfstück des Schöneberger U-Bahnwagens S 2. Nach einem Plan um 1920 sollte die U-Bahn über den Magdeburger Platz in das alte Berliner Zentrum geführt werden. Bauliche Vorbereitungen sind unterhalb des Nollendorfplatzes in den 20er Jahren vorgenommen worden.

Der Bahnhof Rathaus Schöneberg liegt im Stadtpark, und das Tageslicht flutet beiderseits auf den Bahnsteig.

U 5 Alexanderplatz–Hönow

Die U 5 beginnt am Knoten Alexanderplatz. Der erste Abschnitt wurde im Dezember 1930 zwischen Alexanderplatz und Friedrichsfelde in Betrieb genommen. Ende der 20er und Anfang der 30er Jahre wurde der Alexanderplatz gänzlich umgestaltet. Aus einer Straßenkreuzung mit mehreren zulaufenden Straßen wurde ein Kreisplatz. In diesem Zusammenhang wurde der Straßen- und Straßenbahnverkehr auf der Oberfläche neu geordnet. Der Untergrundbahnhof, der seit 1913 nur aus dem Bahnsteig für die U 2 bestand, wurde ebenfalls erweitert. Zur U 2 kamen die U 5 und die U 8 hinzu.

Die U 5 nimmt die untere Ebene ein. Hier wurde vorsorglich bereits an eine neue U-Bahnstrecke nach Weißensee gedacht. Die beiden Bahnsteige sollten im Richtungsverkehr betrieben werden. Die Innengleise dienen heute der U 5 und die Außengleise sollten einer geplanten Linie F nach Weißensee dienen. Auch die Kehranlage westlich des Bahnhofs unter der Rathausstraße ist

Stirnansicht eines Großprofil-Triebwagens des Typs E III, der im Raw Schöneweide aus S-Bahnwagen gebaut wurde, 1995 nicht mehr im Einsatz.

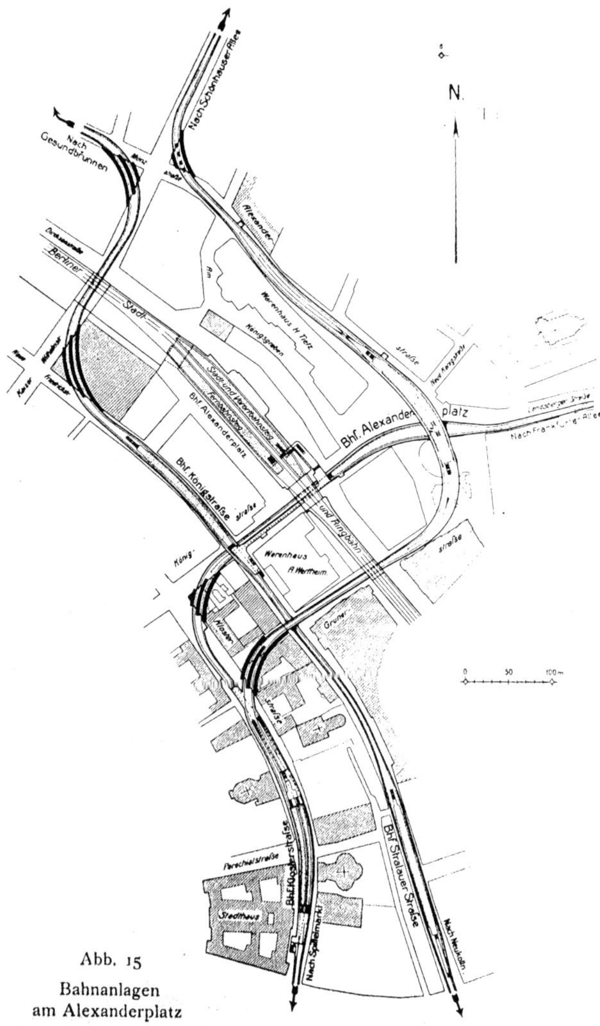

Abb. 15
Bahnanlagen am Alexanderplatz

Zu den interessantesten Bahnhöfen der Berliner U-Bahn gehört der Bahnhof Alexanderplatz, im Bild ist die vor 1914 geplante Strecke durch die Frankfurter Allee dargestellt, die vom Bahnhof Klosterstraße abzweigen sollte.

für die Verlängerung von U-Bahnstrecken vorbereitet. Die eine Linie sollte unter dem Nikolaiviertel und dem Spittelmarkt in die Leipziger Straße geführt werden. Das könnte die bereits beim Bau der neuen Verkehrsanlagen um den Potsdamer Platz berücksichtigte U 3 von der westlichen City nach Weißensee sein. Die andere Strecke ist die Verlängerung der U 5 über die Straße Unter den Linden in das Regierungsviertel und den Lehrter Bahnhof weiter über U-Bahnhof Turmstraße in Richtung Jungfernheide und Flugplatz Tegel. Dieser Abschnitt hat die größten Aussichten gebaut zu werden.

Die ursprüngliche Linie sollte nach den Planungen vor dem ersten Weltkrieg als Kleinprofillinie von Klosterstraße abzweigen und unterhalb des Bahnsteigs der U 2 einen Bahnsteig erhalten. Erstmals ist bei dieser Strecke ein Abschnitt gebaut worden, der seinerzeit als nicht U-Bahnwürdig eingestuft worden war. Zwischen dem S-Bahnhof Frankfurter Allee und Friedrichsfelde ist beabsichtigt gewesen, die Besiedlung durch den U-Bahnbau zu fördern.

Die Verlängerung nach Tierpark hat ihre Ursache im Wohnungsbau um den Tierpark und im Besuchermagneten Tierpark selber. Wohnungsbau und Erweiterung des Straßenquerschnittes in der Treskowallee bedingten sich gegenseitig. Der U-Bahnhof Tierpark ist auffällig breit angelegt. Das hat seine Ursache in der Planung für eine U-Bahnstrecke von Norden kommend in Richtung Schöneweide.

Der Weiterbau in Richtung Hönow wurde erforderlich, um dem Neubauwohngebiet Hellersdorf einen Stadtschnellbahnanschluß zu geben. Beim Weiterbau hinter dem U-Bahnhof Tierpark wurde zwischen der Treskowallee und dem Bahnhof Wuhletal die Trasse der Eisenbahnstrecke zwischen Rummelsburg und Kaulsdorf mitbenutzt. Nach der Tunnelausfahrt verläuft die eingleisige und elektrifizierte Strecke von Rummelsburg zum Außenring zur U 5 parallel.

Nur ein Stationsabschnitt zwischen Wuhletal und Kaulsdorf Nord ist ein Tunnel. Über den U-Bahnhof Wuhletal ist im Zusammenhang mit der S 5 berichtet worden. Entlang der oberirdischen Strecke entwickeln sich gegenwärtig städtebauliche Verbesserungen des Umfeldes.

Inbetriebnahme der U 5

Streckenabschnitt	Eröffnet im Jahre
Alexanderplatz–Friedrichsfelde	1930
Friedrichsfelde–Tierpark	1973
Tierpark–Biesdorf Süd	1988
Biesdorf Süd–Hönow	1989

U 6 Alt-Tegel–Friedrichstraße–Alt-Mariendorf

Wie auch bei anderen Berliner U-Bahnlinien erfolgte der Ausbau der U 6 in mehreren Etappen. Etwa um die Jahrhundertwende begann die Stadt Berlin, sich des innerstädtischen Verkehrs anzunehmen. Besonders Streitigkeiten mit der Großen Berliner Straßenbahn, einer Aktiengesellschaft, die praktisch das Beförderungsmonopol für den städtischen Nahverkehr innehatte, veranlaßten die Stadtverwaltung, eigene Wege zu gehen. Der Betrieb städtischer U-Bahnen und Straßenbahnen sollte das Monopol der privaten Straßenbahngesellschaft brechen. Die als städtische Nord-Süd-Bahn (NS-Bahn) bezeichnete Strecke ist als ein solcher Versuch zu werten. Die Eröffnung des ersten Streckenabschnittes erfolgte allerdings erst nach dem ersten Weltkrieg im Jahre 1923.

Der heutige Verlauf der U 6 liegt in Nord-Süd-Richtung. Sie berührt den Nord- und den Südring der S-Bahn (Linie S 4), den Bahnhof Friedrichstraße und unterfährt die Friedrichstraße, eine große Geschäftsstraße des alten Berlin, die gegenwärtig baulich neugestaltet wird.

Am Mehringdamm teilte sich die ehemals als Linie C bezeichnete Strecke in einen Streckenast über Neukölln nach Grenzallee und einen nach Tempelhof. Diese Linienspaltung ist durch den Bau der U 7 aufgehoben worden. Am Platz der Luftbrücke hat die U 6 Anschluß an den Flughafen Tempelhof.

Die Bahnhöfe Schwartzkopffstraße, Nordbahnhof (heute Zinnowitzer Straße), Oranienburger Tor, Französische Straße und Stadtmitte waren von 1961 bis 1989 geschlossen. Die Züge fuhren mit geringer Geschwindigkeit durch die Bahnhöfe hindurch. Nur am Bahnhof Friedrichstraße hielten die Züge. Man konnte wie bei S 1 und S 2 umsteigen oder, wenn die Papiere vorhanden waren, auch durch die Grenze nach Berlin (Ost). Unmittelbar nach dem Mauerfall wurde ein Bahnhof nach dem anderen wieder geöffnet.

Inbetriebnahme der U 6

Streckenabschnitt	Eröffnet im Jahre
Seestraße–Stettiner Bahnhof (Zinnowitzer Straße)–Hallesches Tor	1923
Hallesches Tor–Belle-Alliance-Straße (Mehringdamm)	1914
Belle-Alliance-Straße (Meringdamm)–Kreuzberg (Platz der Luftbrücke)	1926
Kreuzberg–Flughafen (Paradestraße)	192
Paradestraße–Tempelhof	1929
Tempelhof–Alt Mariendorf	1966

U 7 Rathaus Spandau–Hermannplatz–Rudow

Die U 7 ist die längste Berliner U-Bahnstrecke. Eine Fahrt von Rathaus Spandau nach Rudow dauert rund eine Stunde. Sie verläuft um das Gebiet von Berlin (Ost) herum und berührt alle U-Bahnstrecken in Berlin (West). Der vor 1930 eröffnete und als Linie C II bezeichnete Abschnitt ist in die U 7 einbezogen worden. Hier ist bemerkenswert der Bahnhof Hermannplatz, der ein Turmbahnhof mit der U 8 ist. Vom Bahnsteig der U 7 besteht ein direkter Zugang zu einem Warenhaus auf dem Hermannplatz, zur damaligen Zeit schon etwas Besonderes. Für den Fahrgast nicht sichtbar bestehen zwischen U 7 und U 8 Verbindungsgleise.

Auch auf dieser Strecke sind Vorleistungen für den weiteren Ausbau des U-Bahnnetzes erbracht worden. Am U-Bahnhof Jungfernheide sind die Bahnsteige für die U 5 vom Alexanderplatz kommend und zum Flughafen Tegel weiterführend baulich vorgesehen. Dasselbe gilt am U-Bahnhof Rathaus Spandau. Hier sollte die U 2 herangeführt und möglicherweise bis Falkenhagener Feld weitergeführt werden.

Stirnansicht eines Großprofil-Triebwagens des Typs F, wie er auf der Linie U 8 verkehrt

Inbetriebnahme der U 7

Streckenabschnitt	Eröffnet im Jahre
Rudow–Zwickauer Damm	1972
Britz Süd–Grenzallee	1963
Grenzallee–Bergstraße (Karl-Marx-Straße)	1930
Bergstraße–Hasenheide (Südstern)	1926
Hasenheide–Gneisenaustraße–Belle-Alliance-Straße (Mehringdamm)	1924
Mehringdamm–Möckernbrücke	1966
Möckernbrücke–Fehrbelliner Platz	1971
Fehrbelliner Platz–Richard-Wagner-Platz	1978
Richard-Wagner-Platz–Rohrdamm	1980
Rohrdamm–Rathaus Spandau	1984

U 8 S-Bf Wittenau–Alexanderplatz–Hermannplatz–Leinestraße

Der planerische Vorläufer der U 8 ist der Gedanke, eine Schwebebahn zu errichten. Eugen Langen, Erbauer der Wuppertaler Schwebebahn, unterbreitete 1894 einen Vorschlag für ein Schwebebahnnetz für Berlin. Der Gedanke blieb lange in der öffentlichen Diskussion. Ein kurzes Stück eines Schwebebahngerüsts stand um 1908 am Rosenthaler Platz in der Brunnenstraße. Letztlich hat sich aber die U-Bahn durchgesetzt, die anfangs durch die AEG gebaut wurde, und als GN-Bahn für Gesundbrunnen - Neukölln, später als Linie D bezeichnet wurde.

Bei der Planung wurden Umsteigebeziehungen am Alexanderplatz nicht berücksichtigt. Die Strecke sollte durch die heutige Littenstraße zum Bahnhof Jannowitzbrücke geführt werden. Zwischen Rathausstraße und Jannowitzbrücke ist der Tunnel benutzbar hergestellt worden. Ein U-Bahnhof vor dem Gericht in der Littenstraße wurde im zweiten Weltkrieg als Luftschutzbunker benutzt. Heute besteht hier eine eingleisige Verbindungsstrecke von der Kehranlage der U 5 unter der Rathausstraße bis südlich der Spree am U-Bahnhof Jannowitzbrücke. Nördlich der Kehranlage sind beim Neubau der Markthalle Fundamentreste der geplanten Tunnelanlagen entdeckt und abgerissen worden.

Die Planungen wurden geändert, und heute wird die U 8 direkt unter dem Verkehrsknoten Alexanderplatz geführt, der mit der Kreuzung von drei U-Bahnstrecken und einer S-Bahnstrecke sowie künftig mit Regionalbahnzügen und auch wieder Straßenbahnen der große Verkehrsknoten am östlichen Rand der Berliner City werden wird.

Auch diese Strecke wurde während der Mauer im Transit ohne Halt auf den Bahnhöfen im Bezirk Mitte unterfahren. Der Bahnhof Jannowitzbrücke war der erste U-Bahnhof, der unmittelbar nach dem Fall der Mauer 1989 geöffnet wurde. Die bauliche Gestaltung dieses Bahnhofs ist insofern bemerkenswert, als er unmittelbar vor der Spreeunterfahrung in einer entsprechenden Tiefe liegt.

Inbetriebnahme der U 8

Streckenabschnitt	Eröffnet im Jahre
Wittenau–Paracelsusbad	1994
Paracelsusbad–Osloer Straße	1987
Osloer Straße–Gesundbrunnen	1977
Gesundbrunnen–Neanderstraße (Heinrich-Heine-Straße)	1930
Neanderstraße (Heinrich-Heine-Straße)–Kottbusser Tor–Schönleinstraße	1928
Schönleinstraße–Boddinstraße	1927
Boddinstraße–Leinestraße	1929

U 9 Osloer Straße–Zoologischer Garten–Rathaus Steglitz

Die Führung der heutigen U 9 ist bereits im Verkehrsplan von 1929 so geplant gewesen. Auch sie ist wie die U 7 eine U-Bahn, die das Gebiet von Berlin (Ost) umfährt und mehrere U-Bahnlinien kreuzt. Sie wurde unmittelbar nach dem Bau der Berliner Mauer im September 1961 in Betrieb genommen und stellte eine schnelle Verbindung des Berliner Nordens mit der westlichen City her. Es war dies die erste Berliner U-Bahnstrecke mit einer Reisegeschwindigkeit über 35 km/h. Im Bahnhof Bundesplatz, der jetzt ein direktes Umsteigen in die Südringzüge der S-Bahn ermöglicht, wird der Tunnel geteilt und nimmt zwischen den beiden Seitenbahnsteigen einen Straßentunnel in der Bundesallee auf. In der Steglitzer Schloßstraße ist der Tunnel doppelstöckig. Hier sollte die U-Bahnlinie 10 von Weißensee über Alexanderplatz–Leipziger Straße–Potsdamer Straße geführt werden. Ein Vorhaben, das nach der Wiedervereinigung wahrscheinlich so nicht mehr ausgeführt werden wird. Die parallel verlaufende S 1 ist für die verkehrliche Erschließung ausreichend.

Inbetriebnahme der U 9

Streckenabschnitt	Eröffnet im Jahre
Osloer Straße–Leopoldplatz	1976
Leopoldplatz–Spichernstraße	1961
Spichernstraße–Walther-Schreiber-Platz	1971
Walther-Schreiber-Platz–Rathaus Steglitz	1974

Die Elektrische von Berlin ist die größte Deutschlands

Das Netz der Berliner Straßenbahn besteht zur Zeit nur im Ostteil der Stadt. Eine Neubeginn im ehemaligen Berlin (West) ist mit dem Baubeginn für die Linie 23 von der Björnsonstraße über die Bösebrücke (S-Bahnhof Bornholmer Straße) in Richtung Eckernförder Platz aufgenommen worden.

Das gegenwärtige Netz umfaßt 174 km Streckenlänge und wird mit 23 Linien und ca. 1000 Wagen betrieben. Für den Einsatz der Fahrzeuge bestehen die Betriebshöfe Nordend, Weißensee, Marzahn, Lichtenberg, Schöneweide und Köpenick. Der Wagenpark setzt sich aus Fahrzeugen des Typs Tatra zusammen. Gegenwärtig sind noch einige sogenannte Reko-Wagen (für Rekonstruktion, die im Raw Schöneweide ausgeführt wurden) und vierachsige Großraumtrieb- und -beiwagen des Typs Gotha im Einsatz. Seit Ende 1994 sind die ersten von 60 bestellten Niederflurstraßenbahnwagen im Einsatz.

Die Geschichte der Straßenbahn hängt mit der Stadtgeschichte Berlins und der ihrer Vororte zusammen.

Übersicht zur Berliner Straßenbahngeschichte

		Erste Strecke
1	**Große Berliner Straßenbahn und ihre Nebenbahnen (1865–1920)**	
1.1	Berlin-Charlottenburger-Straßenbahn	
1.1.1	Berliner Pferde-Eisenbahn	1865
1.1.2	Terrain-Gesellschaft "Westend"	1871
1.1.3	Berlin-Charlottenburger-Straßenbahn	1894
1.1.4	Siemens & Halske A.-G. und Siemens-Schuckert-Werk	1914
1.2.	Große Berliner Straßenbahn	
1.2.1	Große Berliner Pferde-Eisenbahn-Aktiengesellschaft	1873
1.2.2	Große Internationale Pferde-Eisenbahn-Gesellschaft	1879
1.2.3	Pferdebahn Tegeler Chaussee–Tegel	1881
1.2.4	Pferdebahn der Gemeinde Rixdorf	1885
1.2.5	Pferdebahn der Gemeinde Mariendorf	1887
1.2.6	Pferdebahn der Gemeinde Britz	1891
1.2.7	Pferdebahn der Gemeinde Niederschönhausen	1892
1.2.8	Große Berliner Straßenbahn A.-G.	1898
1.3	Neue Berliner Pferdebahn-Gesellschaft	1877
1.4.	Westliche Berliner Vorortbahn	1886
1.5.	Südliche Berliner Vorortbahn	1899
1.6.	Nordöstliche Berliner Vorortbahn	1899

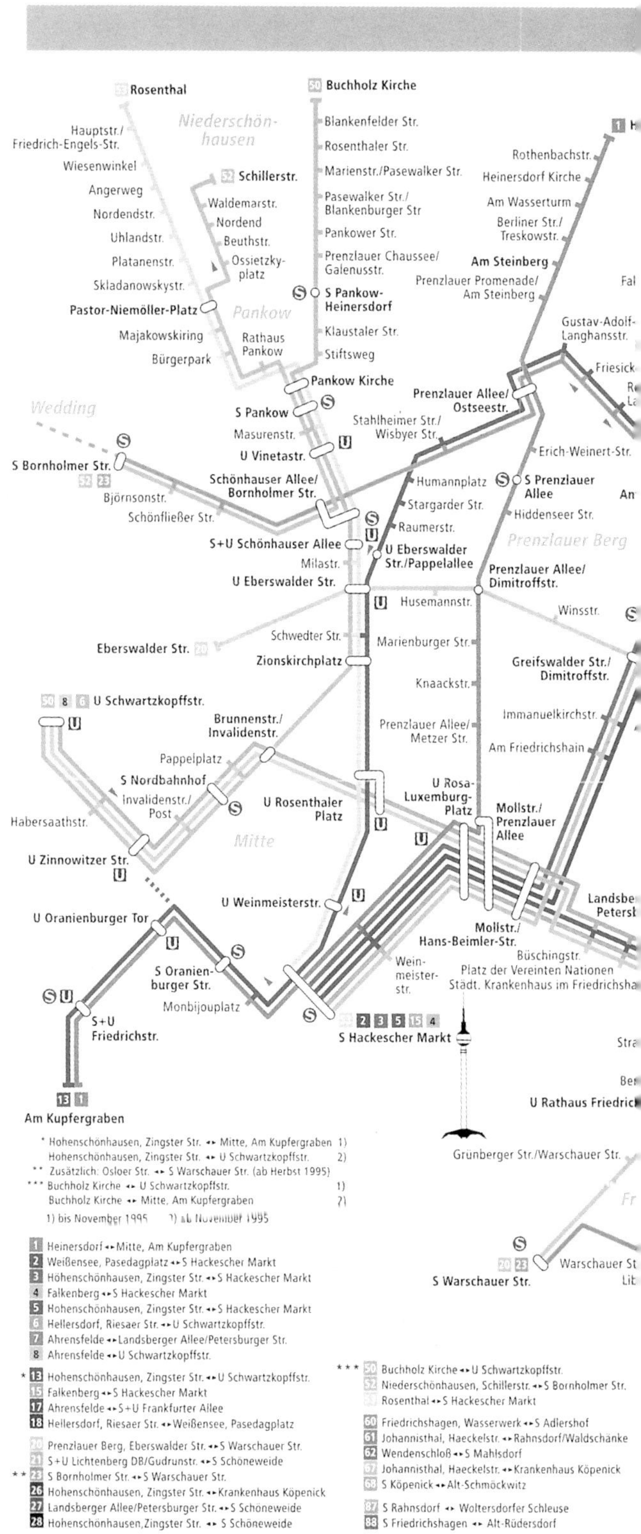

Schematische Netzspinne der Berliner Straßenbahn 1995/96

2 Übrige Straßenbahnbetriebe in den alten Berliner Stadtgrenzen (1885–1928)

2.1	Berliner Elektrische Straßenbahnen	
2.1.1	Elektrische Straßenbahn in Berlin	1895
2.1.2	Pferdebahn der Gemeinde Französisch-Buchholz	1904
2.2.	Berliner Ostbahnen	
2.2.1	Güterbahn Oberschöneweide	1890
2.2.2	Berliner Ostbahnen	1899
2.3.	Flachbahn der Hochbahngesellschaft	
2.3.1	Warschauer Brücke–Centralviehhof	1901
2.3.2	Warschauer Brücke–Lichtenberg	1910
2.4.	Straßenbahnen der Stadt Berlin	1908

3. Straßenbahnbetriebe in den ehemaligen Berliner Berliner Vororten (1881 - 1925)

3.1	Teltower Kreisbahnen	
3.1.1	Elektrische Straßenbahn Groß-Lichterfelde–Lankwitz–Steglitz–Südende	1881
3.1.2	Aktien-Gesellschaft Dampf-Straßenbahn Groß-Lichterfelde–Seehof–Teltow–Stahnsdorf	1888
3.1.3	Teltower Kreisbahn Betriebsleitung Lichterfelde	1906
	Teltower Kreisbahn Betriebsbüro Stahnsdorf	1906
	Teltower Kreisbahn Betriebsleitung Altglienicke	1909
3.2.	Cöpenicker Straßenbahnen	
3.2.1	Cöpenicker Pferde-Eisenbahn	1882
3.2.2	Friedrichshagener Pferdebahn	1891
3.2.3	Städtische Straßenbahn Cöpenick	1903
3.3.	Spandauer Straßenbahnen	
3.3.1	Städtische Straßenbahn Spandau	1892
3.3.2	Elektrische Straßenbahn Spandau–Nonnendamm	1908
3.4	Straßenbahn der Gemeinde Steglitz (Grunewaldbahn)	1905
3.5	Straßenbahn des Flugplatzes Johannisthal	1910
3.6	Schmöckwitz-Grünauer Uferbahn	1912
3.7	Straßenbahn der Gemeinde Heiligensee an der Havel	1913
3.8	Kleinbahn Spandau-West–Hennigsdorf (Linie 120)	1923

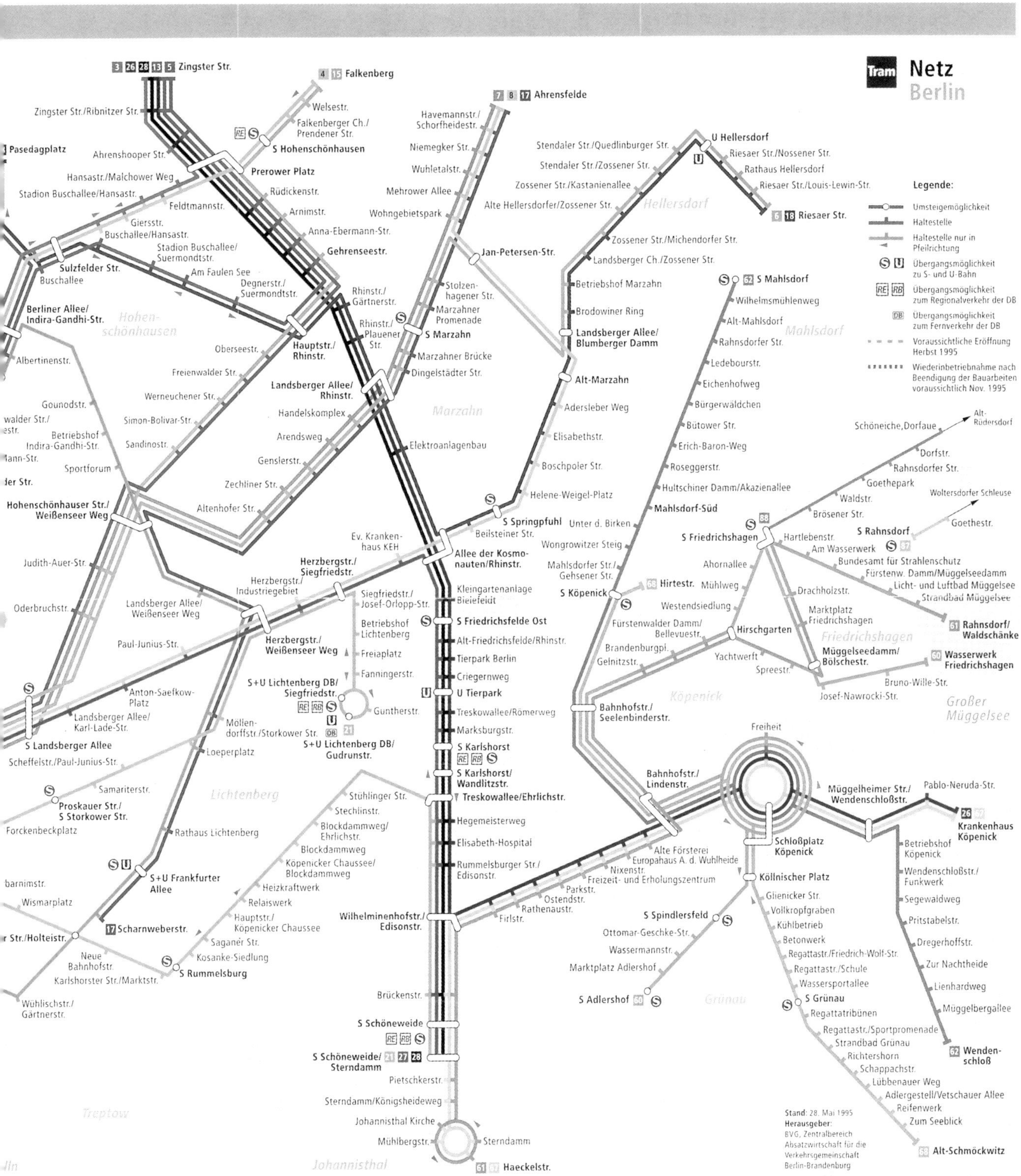
Tram Netz
Berlin
Legende:
Umsteigemöglichkeit
Haltestelle
Haltestelle nur in Pfeilrichtung
Übergangsmöglichkeit zu S- und U-Bahn
Übergangsmöglichkeit zum Regionalverkehr der DB
Übergangsmöglichkeit zum Fernverkehr der DB
Voraussichtliche Eröffnung Herbst 1995
Wiederinbetriebnahme nach Beendigung der Bauarbeiten voraussichtlich Nov. 1995
3 26 28 13 5 Zingster Str.
4 15 Falkenberg
7 8 17 Ahrensfelde
Zingster Str./Ribnitzer Str.
Welsestr.
Falkenberger Ch./Prendener Str.
S Hohenschönhausen
Pasedagplatz
Ahrenshooper Str.
Prerower Platz
Hansastr./Malchower Weg
Stadion Buschallee/Hansastr.
Rüdickenstr.
Feldtmannstr.
Arnimstr.
Giersstr.
Buschallee/Hansastr.
Anna-Ebermann-Str.
Stadion Buschallee/Suermondtstr.
Gehrenseestr.
Sulzfelder Str.
Buschallee
Am Faulen See
Degnerstr./Suermondtstr.
Berliner Allee/Indira-Gandhi-Str.
Hohenschönhausen
Albertinenstr.
Oberseestr.
Hauptstr./Rhinstr.
Freienwalder Str.
Werneuchener Str.
Gounodstr.
Simon-Bolivar-Str.
Betriebshof Indira-Gandhi-Str.
Sandinostr.
Sportforum
Hohenschönhauser Str./Weißenseer Weg
Judith-Auer-Str.
Oderbruchstr.
Landsberger Allee/Weißenseer Weg
Paul-Junius-Str.
Anton-Saefkow-Platz
Landsberger Allee/Karl-Lade-Str.
S Landsberger Allee
Scheffelstr./Paul-Junius-Str.
Samariterstr.
Proskauer Str./S Storkower Str.
Forckenbeckplatz
Lichtenberg
Rathaus Lichtenberg
S+U Frankfurter Allee
barnimstr.
Wismarplatz
17 Scharnweberstr.
Str./Holteistr.
Neue Bahnhofstr.
Karlshorster Str./Marktstr.
Wühlischstr./Gärtnerstr.
S Rummelsburg
Kosanke-Siedlung
Saganer Str.
Hauptstr./Köpenicker Chaussee
Relaiswerk
Heizkraftwerk
Köpenicker Chaussee/Blockdammweg
Blockdammweg
Blockdammweg/Ehrlichstr.
Stechlinstr.
Stühlinger Str.
Treptow
Johannisthal
Havemannstr./Schorfheidestr.
Niemegker Str.
Wuhletalstr.
Mehrower Allee
Wohngebietspark
Jan-Petersen-Str.
Stolzenhagener Str.
Marzahner Promenade
Rhinstr./Gärtnerstr.
Rhinstr./Plauener Str.
S Marzahn
Marzahner Brücke
Dingelstädter Str.
Landsberger Allee/Rhinstr.
Handelskomplex
Arendsweg
Genslerstr.
Zechliner Str.
Altenhofer Str.
Marzahn
Elektroanlagenbau
Ev. Krankenhaus KEH
Herzbergstr./Siegfriedstr.
Herzbergstr./Industriegebiet
Herzbergstr./Weißenseer Weg
Siegfriedstr./Josef-Orlopp-Str.
Betriebshof Lichtenberg
Freiaplatz
Fanningerstr.
S+U Lichtenberg DB/Siegfriedstr.
Gotlindestr.
Gunthersstr.
Möllendorffstr./Storkower Str.
Loeperplatz
S+U Lichtenberg DB/Gudrunstr.
Allee der Kosmonauten/Rhinstr.
Kleingartenanlage Bielefeldt
S Friedrichsfelde Ost
Alt-Friedrichsfelde/Rhinstr.
Tierpark Berlin
Criegernweg
U Tierpark
Treskowallee/Römerweg
Marksburgstr.
S Karlshorst
S Karlshorst/Wandlitzstr.
Treskowallee/Ehrlichstr.
Hegemeisterweg
Elisabeth-Hospital
Rummelsburger Str./Edisonstr.
Wilhelminenhofstr./Edisonstr.
Brückenstr.
S Schöneweide
S Schöneweide/Sterndamm 21 27 28
Pietschkerstr.
Sterndamm/Königsheideweg
Johannisthal Kirche
Mühlbergstr.
Sterndamm
61 Haeckelstr.
S Springpfuhl
Beilsteiner Str.
Helene-Weigel-Platz
Boschpoler Str.
Elisabethstr.
Adersleber Weg
Alt-Marzahn
Landsberger Allee/Blumberger Damm
Brodowiner Ring
Betriebshof Marzahn
Landsberger Ch./Zossener Str.
Zossener Str./Michendorfer Str.
Alte Hellersdorfer/Zossener Str.
Zossener Str./Kastanienallee
Stendaler Str./Zossener Str.
Stendaler Str./Quedlinburger Str.
U Hellersdorf
Riesaer Str./Nossener Str.
Rathaus Hellersdorf
Riesaer Str./Louis-Lewin-Str.
6 18 Riesaer Str.
Hellersdorf
62 S Mahlsdorf
Wilhelmsmühlenweg
Alt-Mahlsdorf
Mahlsdorf
Rahnsdorfer Str.
Ledebourstr.
Eichenhofweg
Bürgerwäldchen
Bütower Str.
Erich-Baron-Weg
Roseggerstr.
Hultschiner Damm/Akazienallee
Mahlsdorf-Süd
Unter d. Birken
Wongrowitzer Steig
Mahlsdorfer Str./Gehsener Str.
S Köpenick
68 Hirtestr.
Westendsiedlung
Fürstenwalder Damm/Bellevuestr.
Brandenburgpl.
Gelnitzstr.
Bahnhofstr./Seelenbinderstr.
Köpenick
Bahnhofstr./Lindenstr.
Freiheit
Alte Försterei
Europahaus A. d. Wuhlheide
Nixenstr.
Freizeit- und Erholungszentrum
Parkstr.
Ostendstr.
Rathenaustr.
Firlstr.
Schloßplatz Köpenick
Köllnischer Platz
S Spindlersfeld
Ottomar-Geschke-Str.
Wassermannstr.
Marktplatz Adlershof
S Adlershof 60
Glienicker Str.
Vollkropfgraben
Kühlbetrieb
Betonwerk
Regattastr./Friedrich-Wolf-Str.
Regattastr./Schule
Wassersportallee
S Grünau
Grünau
Regattatribünen
Regattastr./Sportpromenade
Strandbad Grünau
Richtershorn
Schappachstr.
Lübbenauer Weg
Adlergestell/Vetschauer Allee
Reifenwerk
Zum Seeblick
68 Alt-Schmöckwitz
Müggelheimer Str./Wendenschloßstr.
Pablo-Neruda-Str.
26 Krankenhaus Köpenick
Betriebshof Köpenick
Wendenschloßstr./Funkwerk
Segewaldweg
Pritstabelstr.
Dregerhoffstr.
Zur Nachtheide
Lienhardweg
Müggelbergallee
62 Wendenschloß
S Friedrichshagen
Ahornallee
Mühlweg
Hirschgarten
Yachtwerft
Spreestr.
Drachholzstr.
Marktplatz Friedrichshagen
Friedrichshagen
Müggelseedamm/Bölschestr.
Josef-Nawrocki-Str.
Bruno-Wille-Str.
60 Wasserwerk Friedrichshagen
Großer Müggelsee
Hartlebenstr.
Am Wasserwerk
Bundesamt für Strahlenschutz
Fürstenw. Damm/Müggelseedamm
Licht- und Luftbad Müggelsee
Strandbad Müggelsee
61 Rahnsdorf/Waldschänke
S Rahnsdorf
Bösener Str.
Waldstr.
Goethepark
Rahnsdorfer Str.
Dorfstr.
Schöneiche, Dorfaue
Alt-Rüdersdorf
Woltersdorfer Schleuse
Goethestr.
Stand: 28. Mai 1995
Herausgeber:
BVG, Zentralbereich Absatzwirtschaft für die Verkehrsgemeinschaft Berlin-Brandenburg

Straßenbahn vor dem Brandenburger Tor, 30er Jahre

4. Einheitlicher Straßenbahnbetrieb (1920 bis 1949)

4.1	Berliner Straßenbahn 1920	
4.2	Berliner Straßenbahn-Betriebs-G.m.b.H.	1923
4.3	Berliner Verkehrs-Aktiengesellschaft (BVG)	1929
4.4	Berliner Verkehrs-Betriebe (BVG)	1938

5. Straßenbahn in Berlin (Ost) (1949–1990)

5.1.	Berliner Verkehrs-Betriebe (BVG)	1949
5.2	VE Kombinat Berliner Verkehrsbetriebe (BVB)	1969

6 Straßenbahn in Berlin (West) (1949–1967) 1949

7 Fortschreibung der Straßenbahngeschichte 1990 ff.

Triebwagen Bauart C2T2, 10. Lieferung 1929/30, im U-Bf Kottbusser Tor. Der Einsatz des Typs C endete am 30. April 1975.
Sammlung Ott

AII-Triebwagen 390 im U-BF Uhlandstraße Ende der 70er Jahre. Der Triebzug gehört zum Museumsbestand der BVG.
Jörg Ott

Leinestraße
1302
...ein
KRONE
Krone des Geschmacks

Wittenbergpl.
390

Der M-Bahn-Fahrweg mit dem Bf Kemperplatz (1991).

Die M-Bahn überquert die Potsdamer Straße am Potsdamer Platz (31. Juli 1991).

Rechts oben: Großraum-Triebwagen 218 063 (ex Magdeburg) Typ TDE 61, kurz vor der Endhaltestelle Alt-Schmöckwitz. Links die Wagenhalle Alt-Schmöckwitz, in der heute der Denkmalpflegeverein Nahverkehr Berlin e. V. einige historische Straßenbahnwagen restauriert. Vor dem Schuppentor Tw 5984 aus dem ehemaligen Museumsbestand des Betriebshofs Britz, Gradestraße.
Sammlung Ott

Ein modernisierter Tatra-Wagen, Typ T6A2 am 11. Juni 1994 in Pankow.
Jörg Ott

Der historische Straßenbahnwagen Nr. 16 verkehrte anläßlich der Festveranstaltung „100 Jahre Strausberger Eisenbahn“ am 21./22. August 1993 zwischen Strausberg (Lustgarten) und Bf Strausberg, hier hinter der Haltestelle Lustgarten am 22. August 1993.
Jörg Ott

20 S-BAHNHOF
WARSCHAUER STR.
DIE NEUE.
BVG

Niederflur-Straßenbahn Typ 6T6N, Triebwagen 1001, an der Endhaltestelle der Linie 20 in der Eberswalder Straße im November 1994.
Sammlung Ott

Ein Triebzug der BR 477 verläßt im Sommer 1994 den Bf Witzleben.
Jörg Ott

Vor der Sanierung verkehrten letztmalig vom 29. September bis 3. Oktober 1994 Züge auf den Ferngleisen der Stadtbahn anläßlich eines internationalen Golf-Turniers in Motzen.
Sammlung Ott

Die Maschinenfabriken Thyssen Henschel in Kassel und Brown Boveri in Mannheim schenkten dem Museum für Verkehr und Technik (MVT) im Jahre 1986 die Diesel-Versuchslokomotive 202 003 mit Drehstrom-Antriebstechnik und Stromlinien-Aufbau.
Jörg Ott

Am 8. Juli 1994 wurden auf der Linie U5 letztmalig U-Bahnwagen des Typs EIII planmäßig im Verkehr eingesetzt. Triebwagen 1942 im Mai 1994 im Bf Hellersdorf.
Jörg Ott

U-Bahn-Zug der Bauart D 60 auf der Linie U6 kurz vor der Einfahrt in den U-Bf Seidelstraße.
Jörg Ott

1942

Tegel
2072

Ruhleben
780

Die Geschichte der Straßenbahn hängt mit der Stadtgeschichte Berlins und der ihrer Vororte zusammen.

Die älteste Berliner und deutsche Pferde-Eisenbahn führte vom Kupfergraben an der Museumsinsel über das Brandenburger Tor, die Charlottenburger Chaussee zum Straßenbahnhof in Charlottenburg. Sie wurde am 22. Juni 1865 eröffnet.

Die Große Berliner Pferde-Eisenbahn selbst ist 1871 gegründet worden und eröffnete im Jahre 1873 ihre erste Strecke vom Rosenthaler Tor zur Kreuzung der Badstraße mit der Berlin-Stettiner Eisenbahn. Die Planungen sahen vor, ein Netz von Radialstrecken und eine Ringbahn zu bauen. Etwa bis zum Beginn der 80er Jahre des 19. Jahrhunderts ist dieser Plan umgesetzt worden. Nun erfolgte die „Eroberung" der Innenstadt von Berlin. Sie wurde durch die Gesellschaft mit einem dichten Netz von Strecken versehen. In einer dritten Phase zwischen 1896 und 1902 wurde das Netz elektrifiziert. Im Jahre 1898 gab sich die Gesellschaft den Namen Große Berliner Straßenbahn.

Im Verein mit ihren Tochtergesellschaften – Berlin-Charlottenburger Straßenbahn, Westliche Berliner Vorortbahn, Südliche Berliner Vorortbahn und Nordöstliche Berliner Vorortbahn – übte die Große Berliner praktisch das Beförderungsmonopol im städtischen Nahverkehr von Berlin aus.

Daneben bemühte sich die Stadt Berlin, weil sie u. a. mit den Zustimmungsverträgen nicht einverstanden war, um eigene Betriebe. Von der Siemensbahn (Berliner Elektrische Straßenbahnen) erwarb sie die Aktienmehrheit und gründete eine eigene Städtische Straßenbahn Berlin, die z. B. die Strecke der heutigen Linie 20 von der Eberswalder Straße bis zum S-Bahn Warschauer Straße betrieb.

In den ehemaligen Berliner Vororten bzw. Kreisen entstanden eigene Straßenbahnbetriebe, z. B. in Spandau, in Cöpenick und im Kreise Teltow.

Berlin ist 1920 als Einheitsgemeinde in seiner heutigen Form entstanden. Die Große Berliner Straßenbahn wurde Kommunalbetrieb, nachdem sie ihre Tochtergesellschaften übernommen hatte. Nach und nach wurden auch die anderen Gesellschaften übernommen, als letzte die Flachbahn der Hochbahngesellschaft im Jahre 1928. Die technische Vereinheitlichung des Wagenparks stellte ein großes Problem dar. Einerseits wurden Triebwagen zu Beiwagen und andererseits Beiwagen zu Triebwagen umgebaut. Das ermöglichte eine rationelle Umrüstung und zum anderen eine wirtschaftlichere Lagerhaltung der Ersatzteile. Die Inflation in Deutschland zu Beginn der 20er Jahre behinderte diesen Prozeß. Die Form eines Kommunalbetriebes ließ offenbar eine wirtschaftliche Führung des Betriebes nicht zu.

Nach einem straßenbahnlosen Tag im September 1923 übernahm die Berliner Straßenbahn-Betriebsgesellschaft m.b.H. den Betrieb. Der eingeleitete Prozeß konnte weitergeführt werden. Der relative wirtschaftliche Aufschwung in der zweiten Hälfte der 20er Jahre brachte der Berliner Straßenbahn zwei Großserien von neuen Fahrzeugen. Von bauartgleichen Trieb- und Beiwagen (Bauarten 1924 und 1925 – später T24, T25 und B24 und B25) wurden ca. 1300 Fahrzeuge beschafft. Nochmals 300 Triebwagen wurden 1929 geliefert, die bis 1967 in Berlin (West) im Einsatz waren.

Zur selben Zeit wurde das Netz der Berliner U-Bahn erweitert, und die technische Entwicklung im Omnibusbau machte große Fortschritte. Das führte zur Reduzierung des Straßenbahnnetzes in der Viermillionenstadt Berlin.

Bereits vor dem ersten Weltkrieg versuchte der Zweckverband Groß-Berlin, den innerstädtischen Nahverkehr zu vereinheitlichen. Dieser Gedanke wurde in der zweiten Hälfte der 20er Jahre in die Tat umgesetzt. Über eine Vorbereitungsgesellschaft wurden die U-Bahn, der Omnibus und die Straßenbahn in einer Verkehrsaktiengesellschaft zusammengefaßt, die am 1. Januar 1929 ihren Betrieb aufnahm.

Nach Beendigung der Kampfhandlungen im Jahre 1945 war der Straßenbahnverkehr zum Erliegen gekommen. Relativ rasch wurden die ersten Strecken wieder in Betrieb genommen. Mit dem Einzug der Westalliierten in die Stadt wurde Berlin in vier Sektoren geteilt. Zunehmend entstanden auch im Straßenbahnverkehr Spannungen zwischen Berlin (Ost) und Berlin (West). Im Jahre 1949 führte dies zur Bildung einer eigenen BVG-Verwaltung in Berlin (Ost). Die Liniennetze der Straßenbahn wurden geteilt, bis auch auf den letzten Straßenbahnlinien der durchgehende Verkehr unterbrochen wurde.

Die Entwicklung der Straßenbahn in Berlin (West) endete im Oktober 1967. Verstärkter U-Bahnbau und Ausbau des Omnibusnetzes sollten die Verkehrsaufgaben übernehmen. Auch in Berlin (Ost) wurde die Straßenbahn zunächst besonders im Zentrum zurückgebaut. Jedoch wurde sie mit dem Beginn des Wohnungsbaus auf externen Standorten wie Marzahn, Hohenschönhausen und Hellersdorf ausgebaut.

Mit der Wiedervereinigung der Stadt Berlin und der Fusion der beiden Verkehrsbetriebe unter dem Traditions-

Ein A3-Kleinprofil-U-Bahn-Zug auf der Hochbahnstrecke zwischen Hallesches Tor und Möckernbrücke.
Jörg Ott

Bardinet
Chlorodont

Ausstellung
ADLER

Nach Anfangsschwierigkeiten im Einsatz auf der Linie 20 zwischen Eberswalder Straße und S-Bahnhof Warschauer Straße der Niederflur-Gelenktriebwagen der AEG

Tatra-Zug vor dem Postfuhramt in der Oranienburger Straße, 1985

Blick in die Leipziger Straße in den 30er Jahren, der im Bildvordergrund erkennbare Verkehrsturm ist der erste seiner Art und stand von 1924 bis zu seinem Abriß bei Beginn der Rammarbeiten für den Bau der Nord-Süd-S-Bahn etwa 1937.

Der Alexanderplatz zählte vor dem zweiten Weltkrieg zu den großen Knoten im innerstädtischen Verkehr. Besonders die Straßenbahn bestimmte den Charakter des Platzes. Die Aufnahme entstand Mitte der 30er Jahre und zeigt die Gestaltung der Straßenbahnanlagen nach der Neugestaltung des Platzes, die infolge des U-Bahnbaus notwendig wurde.

Im Bereich Pankow seit Januar 1995 nicht mehr im Einsatz: 2achsige Reko-Züge

Die Sammlung Historische Straßenbahnwagen der BVG zeigt die Entwicklung der Straßenbahn in Berlin mit Hilfe von Sachzeugen, das älteste Fahrzeug ist von 1885 und konnte aus einem Garten in Werder (Havel) geborgen werden.

namen Berliner Verkehrsbetriebe (BVG) soll der Straßenbahnverkehr auch wieder in den Westteil der Stadt geführt werden. Erste Bauarbeiten für eine Verlängerung der Straßenbahnlinie 23 über die Bösebrücke in den Bezirk Wedding haben begonnen. Pläne für den Ausbau sind veröffentlicht worden. Der Umfang des Ausbaus und das Tempo der Realisierung sind jedoch umstritten.

Als im Jahre 1967 die Straßenbahn in Berlin (West) eingestellt wurde, sind einige Exponate einer 100jährigen Straßenbahngeschichte im ehemaligen Straßenbahndepot Britz zusammengefaßt worden. Darunter befindet sich der wahrscheinlich älteste Pferdebahn-Decksitzwagen aus dem Jahre 1865. Diese Sammlung ist dem Museum für Verkehr und Technik übergeben worden. Bei den Verkehrsbetrieben in Berlin (Ost) ist in Zusammenarbeit mit dem Märkischen Museum und ehrenamtlich tätigen Straßenbahnliebhabern eine Sammlung aufgebaut worden, die die Berliner Straßenbahngeschichte mit Sachzeugen der Fahrzeugentwicklung dokumentiert. Ein Teil der Fahrzeuge ist für den Gelegenheitsverkehr zugelassen und kann bei der BVG gemietet werden.

So fuhr man vor dem ersten Weltkrieg auf der Berliner Straßenbahn, der Triebwagen ist vom Baujahr 1901 und der Beiwagen von 1906.

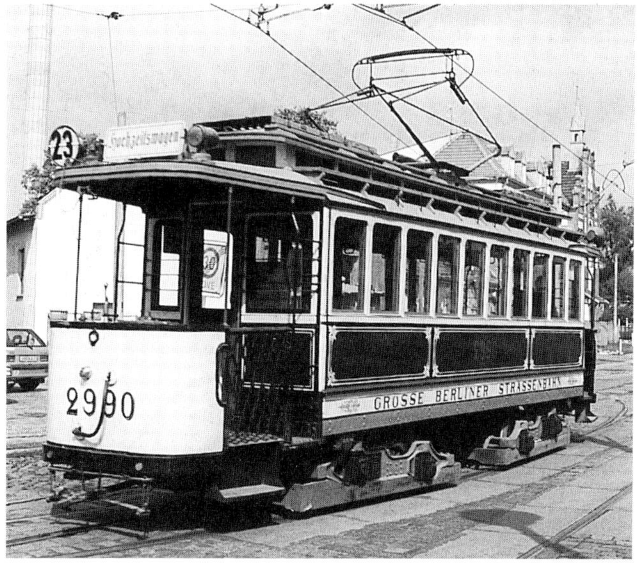

In großer Stückzahl wurden in Berlin Maximum-Wagen eingesetzt, sie besitzen größere Antriebsräder und können damit mehr Antriebskraft übertragen.

Während des Tages der offenen Tür auf dem Betriebshof in Marzahn aufgenommen: historische Straßenbahnwagen, die durch ehrenamtliche Kräfte betreut werden.

Straßenbahnen am Rande von Berlin

Überblick

Nicht zu den Berliner Verkehrsbetrieben gehörend, bestehen in der Landeshauptstadt von Brandenburg Potsdam und am östlichen Rand von Berlin insgesamt vier Straßenbahnbetriebe, die aus unterschiedlichen Gründen nicht in das Berliner Straßenbahnnetz eingebunden sind:

1. die Potsdamer Straßenbahn
2. die Strausberger Eisenbahn
3. die Schöneiche-Rüdersdorfer Straßenbahn
4. Woltersdorfer Straßenbahn.

Alle Bahnen haben Anschluß an die Berliner S-Bahn, und es gelten die Fahrscheine des Berliner Verkehrsraumes.

Die Potsdamer Straßenbahn (Linien 91 bis 98)

Die Potsdamer Straßenbahn hat eine Spurweite von 1435 mm und ist im Verkehrsgebiet in und um Berlin in das Liniennummernschema mit den Nummern 91 bis 98 eingeordnet. Es werden Fahrzeuge des Typs KT4D eingesetzt. Ein Teil des Fahrzeugparks ist modernisiert. Andere Typen sind nicht mehr im Einsatz.

Der Straßenbahnverkehr begann mit der Eröffnung des Pferdebahnbetriebes im Jahre 1880. Der elektrische Betrieb wurde im Jahre 1907 eingeführt. Mit dem extensiven Wohnungsbau im Süden von Potsdam wurde das Netz zum Wohngebiet Stern erweitert.

Blick vom S-Bahnhof Babelsberg auf die Gleisanlagen der Potsdamer Straßenbahn

In der Gleisschleife am Bahnhof Potsdam Pirschheide ein Tatra-Zug vom Typ KT4D

Woltersdorfer Straßenbahn (Linie 87)

Sie ist 5,6 km lang, eingleisig und verkehrt zwischen dem S-Bahnhof Rahnsdorf und der Woltersdorfer Schleuse. Die Bahn besitzt zwei Ausweichen und einen Betriebshof in der Ortsmitte. Eingesetzt werden zweiachsige Gothaer Trieb- und Beiwagen, die aus verschiedenen Straßenbahnbetrieben umgesetzt wurden.

Die Woltersdorfer Straßenbahn ist 1913 in Betrieb genommen worden. Sie erfüllte damals wie auch heute dieselben Verkehrsbedürfnisse, im werktäglichen Berufsverkehr die Einwohner von Woltersdorf zur Arbeit nach Berlin und zurück zu bringen. Und an Wochenenden befördert sie die Berliner Ausflügler in die reizvolle Woltersdorfer Umgebung, besonders zur Woltersdorfer Schleuse.

Bemerkenswert ist die Sammlung historischer Trieb- und Beiwagen mit Fahrzeugen aus der rund 80jährigen Geschichte dieser Bahn.

Fahrzeugnummer	Baujahr	Bemerkung
Tw 2	1913	
Tw 24	1913	
Tw 7	1944	1. KSW Triebwagen

Triebwagen 7 der Woltersdorfer Straßenbahn aus dem Jahre 1944 ist der Prototyp des Kriegsstraßenbahnwagens, hier anläßlich des 50jährigen Einsatzes des Wagens im Sommer 1994. V.

Die Woltersdorfer Straßenbahn hat im Linieneinsatz sogenannte Gothaer Trieb- und Beiwagen, wie sie in der DDR in großer Stückzahl im Einsatz waren, aber auch historische Wagen werden hier gepflegt. Triebwagen 2 ist aus dem Jahre 1913.
V.

Schöneiche-Rüdersdorfer Straßenbahn (Linie 88)

Sie verkehrt zwischen dem S-Bahnhof Berlin-Friedrichshagen und Alt-Rüdersdorf über Schöneiche und ist 14,6 km lang. Rund die Hälfte der Strecke ist zweigleisig. Als Fahrzeuge werden gebraucht gekaufte Tatra-Gelenktriebwagen des Typs KT4D eingesetzt. Die Bahn entstand aus zwei Straßenbahnbetrieben: 1910 wurde die Straßenbahn Schöneiche zwischen dem Bahnhof Friedrichshagen und der Dorfstraße mit Benzollokomotiven in Betrieb genommen und 1912 die Straßenbahn Kalkberge–Schöneiche. Bis zur Elektrifizierung im Jahre 1914 wurde beide Bahnen mit Benzollokomotiven betrieben.

Die Bahn besitzt zwei Depots, wobei dasjenige der Kalkberger Bahn in Rüdersdorf nur der Abstellung von Fahrzeugen dient, während der Betriebshof in Schöneiche Werkstatt und Verwaltung der Bahn beherbergt.

Die Bahn besitzt einen historischen Straßenbahnzug, bestehend aus einem vierachsigen Triebwagen Nr. 74 vom Baujahr 1928 mit einem zweiachsigen Beiwagen 101 ebenfalls Baujahr 1928.

Strausberger Eisenbahn (Linie 89)

Die Strausberger Eisenbahn beginnt am S-Bahnhof Strausberg der S-Bahnlinie S 5. Sie ist eingleisig und hat eine Länge von 6,2 km. Der Name Eisenbahn ist bei der Elektrifizierung der dampfbetriebenen Nebenbahn im Jahre 1921 beibehalten worden, weil die Bahn einen nicht geringen Güterverkehr hatte und die Radreifen der eingesetzten Straßenbahnwagen entsprechend den Bedingungen einer Eisenbahn breit sind.

Die Bahn ist 1894 zwischen dem Kleinbahnhof an der Walkmühlenstraße, der heute noch vorhanden ist, als Dampfeisenbahn in Betrieb genommen worden. Der Bahnhof Strausberg an der Ostbahn liegt mehr als 6 km vom Strausberger Markt entfernt. Strausberg und seine Umgebung sind ein gern besuchtes Ausflugsziel für die Berliner.

Im Jahre 1921 wurde die Bahn elektrifiziert und durch die Altstadt von Strausberg in Richtung Norden verlängert. Im Jahre 1970 wurde die Strecke durch die Stadt wieder stillgelegt. Heute ist der Endpunkt an der Haltestelle Lustgarten, unmittelbar in der Nähe des Kleinbahnhofs von 1894. Hier befindet sich auch der Betriebshof. Bis 1994 gehörte auch eine elektrische Seilzugfähre über den Straussee zur Strausberger Eisenbahn.

Es ist ein historischer Triebwagen mit der Nummer vom Baujahr 1924 vorhanden, der 1940 aus Düsseldorf übernommen wurde.

Endpunkt der Strausberger Eisenbahn am Lustgarten in der Nähe der Strausberger Altstadt

Bahnsteigseite des Bahnhofs Strausberg Vorstadt der Strausberger Eisenbahn, der gegenüber dem S-Bahnhof Strausberg liegt.

4
Ins Märkische Umland mit Zügen des Regionalverkehrs

Züge des Regionalverkehrs

Wie bereits erwähnt, ist das Netz der Berliner Stadt-, Ring- und Vorortbahnen in einem mehrjährigen Entwicklungsprozeß entstanden. Als im Dezember 1930 hierfür der Name „S-Bahn", für Schnellbahn, geprägt wurde, war dies der Zeitraum, in dem die „Große Elektrisierung" den Höhepunkt bereits überschritten hatte. Fortan wurden beide Begriffe, S-Bahn und Berliner Stadt-, Ring- und Vorortbahnen (Berliner S-Bahnverkehr), im selben Zusammenhang genannt. Soweit übersehbar, ist es zu einer neuen Namensfindung für den elektrifizierten Teil einerseits und den mit Dampf-, später mit Diesel- und Wechselstrom-Lokomotiven betriebenen Teil andererseits nicht gekommen. Allerdings hat der Berliner in seiner Umgangssprache von den „Schwarzen" (Zügen) gesprochen, wenn er z. B. in Falkensee von der elektrischen S-Bahn in den Vorortzug umstieg. Der S-Bahntarif hat hier jedenfalls keinen Unterschied gemacht. Der Fahrgast fuhr stets mit derselben Fahrkarte weiter.

Eine erste Namensverschiedenheit entstand mit der Einrichtung von Zügen, die auf dem Berliner Außenring einen sogenannten „Schnellverkehr" bedienten. Das waren zumeist Doppelstockzüge, die zuerst mit Dampflokomotiven und später mit Diesellokomotiven bespannt waren. Unter Umgehung von Berlin (West) wurden z. B. vom Ostbahnhof über den südlichen Berliner Außenring Züge über Potsdam (damals noch Potsdam Süd) nach Werder (Havel) geführt. Mit dem Bau der Berliner Mauer im Jahre 1961 wurde der Berliner Außenring zum Träger des Vorortverkehrs zwischen Berlin (Ost) und den Vororten im Süden, Westen und Nordwesten von Berlin. Dafür wurden auch neue Bahnhöfe gebaut bzw. andere erweitert, z. B. Karlshorst und Zentralflughafen Berlin-Schönefeld. Zu dieser Zeit wurde der aus der russischen Sprache entlehnte Begriff „Sputnik" (für Trabant/treuer Begleiter) populär.

Mit dem Jahresfahrplan 1992/93 tauchten im Berliner Verkehrsraum erstmals der Begriff Regionalverkehr und damit R-Bahnlinie auf. Die Linienbezeichnung endet jedoch nicht am S-Bahn-Tarifbereich, sondern geht darüber hinaus, z. B. bis Eberswalde. In den folgenden Fahrplanabschnitten wurde das System Regionalverkehr ausgebaut. Im Parallelverkehr zu S-Bahnstrecken, z. B. zwischen Bernau (b. Berlin) und Berlin-Lichtenberg, übernehmen solche Züge Aufgaben, wie sie die 1903 erstmals eingerichteten Bankierzüge hatten, nämlich einen schnellen S-Bahnverkehr, der nicht auf jeder Station hält. Die Züge des Regionalverkehrs sind überwiegend wechselstrombetrieben und bestehen aus Doppelstock-

Bahnhof Potsdam-Pirschheide, Innenansicht des Empfangsgebäudes, von 1961 bis 1989 war der Bahnhof das Tor von und nach Berlin und Potsdam Hbf, 1993

wagen. Betrieblich benutzen sie Fern- und Güterverkehrsgleise mit.

Mit dem Beginn der Fahrplanperiode 1995/96 am 28. Mai 1995 wurde das gesamte Netz des Regionalverkehrs neu strukturiert, außerdem erhielt es ein neues Nummernsystem. Es wurden neue RegionalExpress-Linien und der neue Begriff RB für RegionalBahn eingeführt. Im Grundsatz soll das Regionalbahn-Konzept in der jetzt eingeführten Form das Bild des Regionalverkehrs in Berlin/Brandenburg zukünftig bestimmen.

RegionalExpress-(RE) und RegionalBahn-Linien (RB) in der Region Berlin nach dem Jahresfahrplan 1995/96:

Linie Nr.	Linienverlauf
RE 1	Fürstenwalde (Spree)–Berlin Hbf Berlin Zoologischer Garten–Potsdam Stadt Die Zweiteilung der RE 1 ist bis 1997 durch die Sanierung der Berliner Stadtbahn bedingt.
RE 2	Königs Wusterhausen–Berlin-Lichtenberg–Oranienburg
RE 3	Bernau (b Bln)–Berlin-Lichtenberg–Berlin-Schöneweide–Flughafen Berlin-Schönefeld–Ludwigsfelde
RE 4	Potsdam-Pirschheide–Wünsdorf
RB 11	Beelitz Heilstätten–Berlin-Wannsee
RB 12	Oranienburg–Hennigsdorf–Falkensee–Spandau–Westkreuz
RB 13	Wustermark–Spandau–Westkreuz bzw. Charlottenburg
RB 14	Berlin-Schöneweide–Königs Wusterhausen
RB 15	Flughafen Berlin-Schönefeld–Ludwigsfelde
RB 16	Werder (Havel)–Potsdam Stadt
RB 17	Fürstenwalde (Spree)–Erkner
RB 18	Nauen–Falkensee–Berlin-Spandau–Westkreuz
RB 19	Oranienburg–Hennigsdorf–Falkenhagen–Potsdam-Pirschheide
RB 20	Ludwigsfelde–Potsdam-Pirschheide
RB 21	Nauen–Potsdam Stadt
RB 22	Werder (Havel)–Potsdam-Pirschheide–Flughafen Berlin-Schönefeld bzw. Berlin-Karlshorst
RB 24	Wünsdorf–Flughafen Berlin-Schönefeld–Berlin-Schöneweide
RB 25	Werneuchen–Ahrensfelde–Berlin-Lichtenberg
RB 26	Strausberg–Berlin-Lichtenberg
RB 27	Basdorf–Berlin-Karow
RB 31	Zossen–Flughafen Berlin-Schönefeld
RB 32	Ludwigsfelde–Teltow
RB 33	Beelitz Stadt–Potsdam-Pirschheide–Potsdam Stadt
RB 55	Velten (Mark)–Hennigsdorf

Das Anliegen der weiteren Ausführungen ist es, zu Fahrten mit dem Regional-Express bzw. der Regional-Bahn anzuregen. Als Ausgangspunkt wurde Berlin gewählt. Bei Bedarf wird darum die umgekehrte Fahrtrichtung beschrieben wie in der Auflistung wiedergegeben. Auf einzelnen Strecken verkehren mehrere Linien. Die Beschreibung wird jedoch nicht wiederholt, wenn mit einer anderen Linie dieselbe Strecke befahren wird.

RE 1 Fürstenwalde (Spree)–Berlin Hbf

Mit Beginn des Jahresfahrplans 1994/95 wurde auf der Strecke Berlin–Frankfurt (Oder) der RegionalExpress eingeführt. Das war für Berlin und Brandenburg ein neues Angebot. Im Stundentakt wird Berlin seitdem mit der Grenzstadt an der Oder verbunden. Verwendet werden Doppelstockwagen, die auch die 1. Klasse führen, wo man kostenlos Tageszeitungen erhält und Kaffee trinken kann. Der RegionalExpress ersetzt den früheren Eilzug und kann ohne Zuschlag benutzt werden. Bis Fürstenwalde (Spree) gelten die Fahrausweise des Berliner Verkehrstarifs.

Der Zug hält in Berlin-Karlshorst und dann erst wieder in Fürstenwalde (Spree). Bis zum Bahnhof Erkner, den diese Züge nicht bedienen, wird bei der schnellen Vorbeifahrt mancher S-Bahnzug überholt.

In Fürstenwalde (Spree), einer alten Bischofsstadt des vorreformatorischen Bistums Lebus, beginnt die Nebenbahn nach der neuen Kreisstadt Beeskow (Mark). Die Strecke führt vorbei am Scharmützelsee, dem größten See im Land Brandenburg. Die Nebenbahnstrecke nach Müncheberg (Mark) ist nicht mehr in Betrieb.

RE 1 Berlin Zoologischer Garten–Potsdam Stadt

Mit dem Abschluß der Sanierungsarbeiten auf der Berliner Stadtbahn, voraussichtlich im Jahre 1997, wird der RE 1 über die Ferngleise der Stadtbahn fahren und zusätzlich auf den Bahnhöfen Alexanderplatz, Friedrichstraße und Lehrter Bahnhof halten.

Bis dahin beginnt die Fahrt auf dem Bahnhof Zoologischen Garten. In schneller Fahrt geht es bis Potsdam auf den Gleisen der Kanonenbahn, parallel zu den

Ansicht der Gleisanlagen des nur wenig genutzten Bahnhofs, Blickrichtung Werder Havel

Abfahrbereiter Regional-Express nach Frankfurt Oder auf dem Berliner Hauptbahnhof, 1995

Bahnhof Rangsdorf an der RE 4/RB 31, 1993

S-Bahn-Linien S 3 und S 7 durch den Grunewald bis nach Berlin-Wannsee. Nach kurzem Halt fährt der Zug nach Potsdam, in der Nähe des S-Bahnhofs Griebnitzsee (dem Kontrollbahnhof bis zum Sommer 1990) wechselt der Zug auf die Berlin-Potsdamer Eisenbahn über. Reste der Stammstrecke sind noch vorhanden, z. B. die Bahnsteige, die neben dem S-Bahnhof liegen. Der Bahnhof Potsdam Stadt liegt an der Stelle des ersten Potsdamer Bahnhofs von 1838.

RE 2 Königs Wusterhausen–Berlin-Lichtenberg

Wir besteigen zunächst den Zug in Berlin-Lichtenberg, um das Umland von Berlin in Richtung Spreewald an der Station Lübbenau zu erreichen. Der Zug verläßt den Bahnhof in westlicher Richtung und fährt am Stellwerk Gabelung vorbei. Dieser Name ist wörtlich zu verstehen. Hier gabeln sich die Strecken nach Frankfurter Allee und Rangierbahnhof Rummelsburg bzw. nach Berlin-Schöneweide.

Bei der Fahrt kann man den Umsteigeverkehr auf dem größten Knotenpunkt der Berliner S-Bahn, dem Ostkreuz, verfolgen. Nach Überquerung der Spree und dem Passieren des S-Bahnhofs Treptower Park verläßt der Zug auch schon den Berliner Innenring, um auf der Berlin-Görlitzer Eisenbahn weiterzufahren. In Fahrtrichtung rechts kann man die Verbindungskurven zum nicht mehr bestehenden Görlitzer Bahnhof erahnen. Parallel zur S-Bahnstrecke mit den Linien S 45, S 46, S 6, S 9 und S 10 geht die Fahrt über Schöneweide nach Königs Wusterhausen.

RE 2 Berlin-Lichtenberg–Oranienburg

Fährt man mit der RE 2 in Richtung Neubrandenburg, geht die Fahrt zunächst über den östlichen BAR. Als Ergänzung des S-Bahnhofs Hohenschönhausen ist ein Bahnhof für den Halt von Zügen des Schnellverkehrs mit zwei Bahnsteigen errichtet worden. Eröffnet wurde dieser Bahnhof mit Zügen, die über den Bahnhof Berlin-Lichtenberg liefen, in Baumschulenweg hielten und in Berlin-Schöneweide endeten. Es bestand die Absicht, aus dem neuen Bezirk Hohenschönhausen eine schnelle Verbindung zu den Arbeitsstätten im Industriegebiet Oberschöneweide herzustellen. Der Erfolg war mäßig. Im Bahnhof Hohenschönhausen ist ein Umsteigen zur S 75 und zu mehreren Straßenbahnlinien möglich. Der Bahndamm ist bis zu einer geplanten S-Bahnstation Sellheimbrücke im Schnittpunkt mit der Blankenburger Straße/Karower Straße (mit den Omnibuslinien 150, 158 und 350) geschüttet.

Es folgt das Karower Kreuz, das eingleisige Verbindungskurven in alle Richtungen besitzt. Die Strecke der Berlin-Stettiner Eisenbahn wird unterfahren, und auf der linken Seite stößt das eingleisige S-Bahn-Verbindungsgleis von Berlin-Blankenburg auf den BAR und bleibt auf der linken Seite. Hinter dem Stellwerk Akw (Abzweig Berlin-Karow West) wird die S-Bahnstrecke zweigleisig. Auf der rechten Seite liegen die Flächen der nun nicht mehr genutzten Rieselfelder. Hier sollen bald Baukräne stehen und Wohnungen errichtet werden. Hinter dem S-Bahnhof Bergfelde beginnt die Verbindungskurve vom nördlichen BAR auf die Berliner Nordbahn, die in Höhe

Steuerwagen des Wendezuges auf Bahnhof Rangsdorf, 1993

des S-Bahnhofs Birkenwerder (b Bln) erreicht wird. Hier endet die S 10. Parallel zur S-Bahnstrecke nach Oranienburg (S 1) fährt die RE weiter nach Norden.

RE 3 Bernau (b Bln)–Berlin-Lichtenberg

Die RE 3 vermittelt eine schnelle Verbindung vom Bahnhof Berlin-Lichtenberg nach Bernau (b Bln). Dabei wird die Zugfahrt von der S 75 bis Wartenberg begleitet. Beiderseits der Strecke sind die Wohngebiete aus den 70er und 80er Jahren zu sehen. Hinter dem S-Bahnhof Wartenberg ist mit dem Weiterbau der S 75 begonnen worden. Nach insgesamt knapp 30minütiger Fahrzeit wird Bernau (b Bln) erreicht.

RE 3 Berlin-Lichtenberg–Berlin-Schöneweide–Flughafen Berlin-Schönefeld–Ludwigsfelde

In der Gegenrichtung fährt die RE 3 wie die RE 2 und verläßt die gemeinsame Strecke am Grünauer Kreuz und fährt weiter über den Bahnhof Flughafen Berlin-Schönefeld bis zum Abzweig Genshagener Heide und verläßt dort den BAR in Richtung Süden, vorbei an dem aufgelassenen Bahnsteig Birkengrund Nord und dem Lastkraftwagenwerk Ludwigsfelde mit Halt in Birkengrund Süd. Der alte Zustand der Gleisanlagen ist kaum noch zu erkennen. In den 40er Jahren sind Vorleistungen für den viergleisigen Ausbau des Streckenabschnittes bis Ludwigsfelde erbracht worden. Auch hat es im Rahmen des Ausbaus des südlichen BAR zu Beginn der 50er Jahre erhebliche Baumaßnahmen gegeben. Der Bahnhof Ludwigsfelde ist der Endpunkt des S-Bahn-Tarifbereichs.

RE 4 Potsdam-Pirschheide–Wünsdorf

Siehe RB 22 und RB 24.

RB 11 Beelitz-Heilstätten–Berlin-Wannsee

Ein durchgehender Regionalverkehr besteht in dieser Relation erst seit der Elektrifizierung des Streckenabschnitts Berlin-Wannsee–Drewitz. Ab dem Fahrplanabschnitt 1993/94 ist der ICE- und der Regionalverkehr über diese Strecke aufgenommen worden.

Bemerkenswert sind bei der Ausfahrt aus dem Bahnhof Wannsee in Fahrtrichtung rechts das S-Bahn-Betriebswerk und die Rampe für die 1913 errichtete sogenannte Friedhofsbahn, die seit 1961 nicht mehr verkehrt. An dieser Strecke kann man erkennen, wie die Natur sich die Bahnanlagen zurückholt. Man sollte sich aber nur in der vegetationsarmen Zeit auf die Suche nach Spuren machen, denn sonst ist alles zugewachsen. Man findet Reste wie Bahnsteigkanten, Brücken und Gleise.

RB 12 Westkreuz–Falkensee–Hennigsdorf–Oranienburg

Seit Sommer 1994 beginnt und endet diese Linie an einem provisorischen Bahnsteig auf dem Turmbahnhof Westkreuz. Dazu ist ein Streckengleis des Güterverkehrs entlang dem Berliner Innenring mit einem Bahnsteig überbaut worden. Bis zu diesem Zeitpunkt endeten die RegionalBahn-Züge auf der Ringbahnstation Jungfernheide. Hier bestand Anschluß an die U 7 (Rudow–Rathaus Spandau).

Der Zug fährt parallel zur S 45 und S 46 bis zur Station

Westend. Nach Passieren des Güterbahnhofs Charlottenburg befährt der Zug die alte und nach dem Pilzkonzept neue Strecke der Hamburger und Lehrter Eisenbahn bis zum Bahnhof Spandau. Nach Querung der Spreebrücken liegt auf der rechten Seiten das Rathaus von Spandau. Im Zusammenhang mit dem Bau der Schnellfahrstrecke nach Hannover über Stendal und der Reaktivierung der Hamburger Eisenbahn werden die Bahnanlagen umfassend erneuert. Dazu gehören der Neubau der Spreebrücken und der Neubau eines ICE-Bahnhofs über die Klosterstraße von Spandau. Der Bahnhof wird häufig als Spandau Rathaus bezeichnet.

Westlich der Brücken der Klosterstraße lag der S-Bahnhof Spandau West. Er wird nun mit neuem Namen nach Osten verschoben und zum Bahnhof für den Fern-, Regional- und S-Bahn-Verkehr. Es bestehen dann gute Umsteigebeziehungen zum U-Bahnhof Rathaus Spandau der U 7. Weiter geht die Fahrt auf der alten Trasse der Hamburger Bahn, die im Rahmen des Lückenschlußprogramms seit dem 28. Mai 1995 wieder befahren wird.

Der folgende Bahnhof Albrechtshof war bis zum Mauerfall Endstation für den Schnellverkehr um Berlin (West) herum und liegt heute wieder in der Stadt Berlin. Zur Geschichte von Staaken, wozu Albrechtshof gehört, ist anzumerken, daß infolge der Aufteilung der Stadt Berlin 1945 in vier Sektoren der damaligen britischen Besatzungsmacht ein Landzugang zu ihrem Militärflugplatz Gatow geschaffen werden mußte. Daraus folgte ein Gebietsaustausch, und der westliche Teil des Ortsteiles Staaken des Berliner Bezirkes Spandau wurde der sowjetischen Besatzungszone zugeschlagen. Formell gehörte der Teil zu Berlin, er wurde jedoch durch den Kreis Nauen verwaltet.

Während des Krieges wurden zum Teil Dämme für die Höherlegung der Bahn geschüttet, die nach dem Krieg wieder abgetragen wurden. Vor Beginn der Bauarbeiten zur Wiederaufnahme des durchgehenden Betriebes auf der Eisenbahnstrecke nach Hamburg konnten noch Brükkenwiderlager fotografiert werden. Im Zuge der Umgestaltung der Eisenbahnanlagen in den 30er und 40er Jahren war ein Reichsbahn-Ausbesserungswerk für Schnelltriebwagen errichtet worden. Da der Schnelltriebwagenverkehr mit Kriegsbeginn 1939 eingestellt wurde, erübrigte sich das Werk, und es wurde für Rüstungszwecke verwendet. Dies wiederum führte zum Abriß nach Kriegsende.

Der nächste Ort Falkensee (ein Name, der aus der Zusammenfügung von Falkenhagen und Seegefeld entstand) war um die Jahrhundertwende ein Ausflugsgebiet und entwickelte sich im Laufe der Jahrzehnte zu einer großflächigen Eigenheimsiedlung. Hier war bis 1961 der Umsteigepunkt zwischen der elektrisch betriebenen S-Bahn und den „Schwarzen" (Zügen). Die folgende Station Finkenkrug spielte zwischen 1961 und 1989 die Funktion eines Umsteigebahnhofs für Fahrten von Berlin-Lichtenberg über den nördlichen Berliner Außenring und Nauen bzw. Falkensee entsprechend der Führung

Gleisseite des Bahnhofsgebäudes Dahlewitz an der RB 31 (Strecke Berlin–Dresden)

der Züge des „Schnellverkehrs“. Die Führung der Züge in diesem Bereich des BAR (Falkenhagen, Finkenkrug, Brieselang und Wustermark) entsprach den Verkehrsströmen und konnte auch tagsüber verändert werden. Es besteht von Finkenkrug nur eine Verbindungskurve zum BAR in Richtung Norden nach Falkenhagen.

RB 13 Wustermark–Berlin-Spandau–Westkreuz bzw. Charlottenburg
Siehe RB 18.

RB 14 Berlin-Schöneweide–Königs Wusterhausen
Siehe RE 2.

RB 15 Flughafen Berlin-Schönefeld–Ludwigsfelde
Siehe RE 3.

RB 16 Werder (Havel)–Potsdam Stadt
Bei der Fahrt in Richtung Westen kann man in Fahrtrichtung rechts einen Blick auf Potsdam werfen. Auffällig ist die Nikolaikirche, die nach den Kriegszerstörungen wieder hergerichtet wurde. Sie ist das einzige noch aufragende Zeugnis der alten Bebauung der Stadt. Am Bahnhof Charlottenhof (auf alten Plänen auch Potsdam West), der nach einem Schloß im Park von Sanssouci benannt wurde, kreuzt die Straßenbahnlinie 96 in Richtung Potsdam-Pirschheide. Hinter dem Bahnhof beginnt die eingleisige Strecke in Richtung Beelitz über Potsdam-Pirschheide, die über ein Gleisdreieck auch Verbindung in Richtung Wildpark besitzt. Der Bahnhof Wildpark hat drei Bahnsteige. Einer ist als Halle für den kaiserlichen Hofzug errichtet worden. Der alte Bahnhof im Straßenniveau dient heute als Zugang zu den Bahnsteigen.

RB 17 Fürstenwalde (Spree)–Erkner
Siehe RE 1.

RB 18 Nauen–Falkensee–Berlin-Spandau–Westkreuz
Bis Finkenkrug wie RB 12. Dann unterquert die RB 18 den BAR am Falkenhagener Kreuz. Es stoßen von Nord und Süd (vom BAR) kommend die Verbindungskurven auf die Hamburger Hauptstrecke. Hinter dem folgenden Bahnhof Brieselang kommt von Süden die ehemals zweigleisige und jetzt mit Wechselstrom elektrifizierte Verbindungsbahn von der Hamburger Eisenbahn zum Rangierbahnhof Wustermark zur Berlin-Lehrter Eisenbahn, die bis zum Lückenschluß im Mai 1995 von den Fernzügen von und nach Hamburg befahren wurde. Wie oben bereits ausgeführt, war die Hamburger Eisenbahn im Gegensatz zur Lehrter Eisenbahn nicht viergleisig (Fern-und Vorortverkehr) ausgebaut worden. Eine Trennung zwischen dem Fern- und Vorortverkehr einerseits und dem Güterverkehr andererseits erübrigte sich, weil der Güterverkehr ab Nauen über Bredow zum Rangierbahnhof Wustermark geführt wird. Diese Verbindungsstrecke wird seit Mai 1995 nicht mehr von Zügen des Regionalverkehrs befahren.

Der Bahnhof Nauen der RB 18 ist gegenwärtig eine

Zugang zum Haltepunkt Potsdam-Charlottenhof der RE 1/RB 16

Straßenansicht des Bahnhofs Dallgow an der Strecke nach Wustermark

Zwischen Drewitz und der Stadtgrenze bei Kohlhasenbrück an der RB 11 stehen noch die Reste der Mauer, hier fuhren bis zum Mauerfall nur Güterzüge zwischen Seddin und Berlin (West). Die Strecke wird auf dem Bild elektrifiziert für den ICE-Verkehr von Magdeburg, 1993

Baustelle. Im Zuge des Verkehrsprojektes Deutsche Einheit wird die Strecke nach Hamburg für eine Geschwindigkeit von 160 km/h ausgebaut und elektrifiziert.

Bis 1957 begann bzw. endete hier die Schmalspurbahn Nauen–Senzke–Rathenow. Als Teil des Güteraußenrings begann hinter Nauen die heute nicht mehr befahrene eingleisige Strecke nach Kremmen.

RB 19 Oranienburg–Hennigsdorf–Falkenhagen–Potsdam-Pirschheide

Die Züge fahren vom Bahnhof Oranienburg über die Ferngleise und halten in Birkenwerder (b Bln). Die Bahnsteiggleise sind mit Stromschiene für Gleichstrom und mit Fahrleitung für Wechselstrom ausgerüstet. Hinter dem Bahnhof wird die Verbindungskurve zum BAR befahren und in Hohen Neuendorf West gehalten. In der Regel befahren die Züge dann die Spitzkehre über Hennigsdorf (b Bln) unter Umgehung des Turmbahnhofs Hennigsdorf Nord.

Nach 1961 hatten Zugläufe über den nördlichen und den westlichen BAR ihren Brechpunkt in Birkenwerder (b Bln). Bis hierher konnte man von Berlin mit der S-Bahn über die mit Gleichstrom elektrifizierten Gleise des nördlichen BAR gelangen (siehe auch S 10). Von Birkenwerder (b Bln) bestand stündlich Anschluß nach Falkenhagen. Alle zwei Stunden fuhr der Zug nach Potsdam Hbf (heute Potsdam-Pirschheide) durch.

Die Bahnhöfe des nordwestlichen BAR liegen mitunter

in einiger Entfernung von den gleichnamigen Orten. Verschiedene Buslinien fahren die Bahnhöfe an. Sie haben ihren Ursprung in der Umgehung von Berlin (West) in den Jahren zwischen 1961 und 1989. Die Bahnhöfe sind wie der folgende von Schönwalde meist viergleisig. An den Außenbahnsteigen halten die Züge des regionalen Personenverkehrs, während die durchgehenden Hauptgleise von schnellfahrenden Reisezügen oder von zu überholenden Güterzügen benutzt werden.

Eine besondere Bedeutung hatte der Bahnhof Falkenhagen (Kr Nauen), die er mit dem Lückenschluß im Mai 1995 verloren hat. Hier trafen sich die Züge von und nach der Hamburger Eisenbahn, der Lehrter Eisenbahn und nach Potsdam.

Der Bahnhof Falkenhagen ist ein reiner Umsteigebahnhof. Die Entfernung zum Siedlungsgebiet ist groß und beschwerlich, und es besteht keine feste Straßenverbindung.

Die weiteren Bahnhöfe werden zum Teil durchfahren bzw. sind sie für den Personenverkehr geschlossen worden. Die Strecke wurde 1902 als Güteraußenring eröffnet. Die Architektur der Hochbauten der Bahnhöfe verdeutlicht dies. Von August 1961 an wurde die Strecke zweigleisig ausgebaut und in ihrer Trassierung verbessert. Die ursprüngliche Streckenführung begann in Seddin und führte nach Nauen. Auf der Weiterfahrt von Falkenhagen (Kr Nauen) überquert der Zug die Hamburger Eisenbahn, die Lehrter Eisenbahn in der Nähe des Rangierbahnhofs Wustermark, dessen wuchtiger Wasserturm den Bahnhof markiert, und die Berlin-Magdeburger Eisenbahn. Nächster Halt ist der Bahnhof Potsdam-Pirschheide.

RB 20 Ludwigsfelde–Potsdam-Pirschheide

Siehe RB 15 und RB 22.

RB 21 Nauen–Potsdam Stadt

Siehe RB 19.

RB 22 Werder (Havel)–Potsdam-Pirschheide–Flughafen Berlin-Schönefeld–Berlin-Karlshorst

Der Bahnsteig für die RB 22 in Karlshorst entstand unmittelbar nach dem 13. August 1961. Ein Gleis der Kehranlage der S-Bahn wurde zum Streckengleis nach Erkner, und an dem ehemaligen Streckengleis wurde ein Seitenbahnsteig für die Züge von Potsdam errichtet. Über einen Tunnel, der als zweiter Ausgang des S-Bahnhofs Karlshorst schon länger bestand und ursprünglich für den Zugang zur Trabrennbahn Karlshorst gedacht war, wurde der Strom der Umsteigenden vom S-Bahnsteig unter den Bahndamm zum neuen Seitenbahnsteig in Richtung Potsdam hindurchgeführt.

Am Stellwerk Ostendgestell verläßt der Zug die Frankfurter Eisenbahn und befährt die jetzt zweigleisige Verbindungskurve Richtung Süden. In Fahrtrichtung rechts liegt der heutige Freizeit- und Erholungspark, der in den 50er Jahren als Pionierpark errichtet wurde. Hier verkehrt eine Parkeisenbahn.

Nach kurzer Fahrt überquert der mit Wechselstromlokomotiven im Wendezugbetrieb verkehrende Zug die Straße an der Wuhlheide und unmittelbar darauf die Spree. Nach Überquerung der S-Bahnstrecke der S 10 nach Spindlersfeld folgt der Betriebsbahnhof Wendenheide. Von hier geht eine Verbindungskurve in Richtung Rangierbahnhof Schöneweide. Es folgen nach Überquerung des Teltowkanals die Gleisverzweigungen und Brükken des Grünauer Kreuzes. Dieses Kreuz, zu Beginn der 50er Jahre fertiggestellt, vermittelt niveaufreie Gleisverbindungen vom und zum BAR bzw. zur Görlitzer Eisenbahn. Hier beginnt auch der viergleisige Abschnitt des

Straßenansicht des Empfangsgebäudes Drewitz, 1993

Bahnhof Potsdam-Rehbrücke an der RB 11 von Wannsee nach Beelitz Heilstätten, 1993

BAR, der bis zur Abzweigstelle Glasower Damm (Abzweig nach Dresden) verläuft.

Nach einigen Minuten Fahrzeit wird der Bahnhof Flughafen Berlin-Schönefeld erreicht. Für bestimmte Relationen war und ist er Umsteigebahnhof zwischen Fernzügen. In der Gemeinde Schönefeld (im Land Brandenburg gelegen) wurde als erster Bahnhof im Jahre 1901 der der Rixdorf-Mittenwalder Eisenbahn errichtet. Der Bahnhof lag in Nord-Süd-Richtung westlich des heutigen Bahnhofs. Der zweite Bahnhof entstand am Güteraußenring zu Beginn der 40er Jahre. Er lag im Schnittpunkt mit der später Neukölln-Mittenwalder Eisenbahn genannten Nebenbahn im Norden von Schönefeld. Im Jahre 1951 wurde der südliche Berliner Außenring unter Umgehung von Berlin (West) in Betrieb genommen. Der neue Bahnhof Schönefeld wurde ab diesem Zeitpunkt nur als Kontrollbahnhof benutzt. Noch eine Zeitlang nach dem Bau der Mauer waren an der Grenze zu Berlin (Ost) Kontrollen üblich.

Nach dem Mauerbau übernahm der Bahnhof Schönefeld die Aufgaben eines zentralen Bahnhofs im Verkehr von Berlin in sein Umland. Die Hauptverbindung war die zwischen Berlin und Potsdam. Aber auch die Verbindungen in Richtung Zossen (Strecke nach Dresden), Ludwigsfelde (Strecke nach Leipzig) und Seddin (Strecke nach Dessau) verliefen über den Bahnhof.

Von Berlin-Adlershof wurde in kürzester Zeit eine S-Bahnstrecke auf der Trasse des alten Güteraußenringes gebaut. Die Eröffnung war im Jahre 1962. In diesem Zusammenhang wurde parallel zu der neuen S-Bahnstrecke auch eine Schnellstraße erbaut.

Nach Ausfahrt aus dem Bahnhof Flughafen Berlin-Schönefeld querte die Neukölln-Mittenwalder Eisenbahn die Trasse des BAR. Ein Überwerfungsbauwerk ist nicht mehr errichtet worden. Diese Bahn wurde von der Berliner Stadtgrenze unterbrochen. Einerseits waren es die politischen Verhältnisse, andererseits wurde die Trasse in Richtung Süden von dem in den 50er Jahren von den sowjetischen Militärbehörden für den zivilen Luftverkehr freigegeben Flughafen Schönefeld benötigt.

Weiter geht die Fahrt bis zum Abzweig Glasower Damm. Hier endet der viergleisige Abschnitt des Berliner Außenringes. Eine zweigleisige Kurve verbindet den BAR mit der Strecke nach Dresden. Die Dresdener Eisenbahn, die bisher nur von der S-Bahnlinie S 2 Nordbahnhof–Nord-Süd-S-Bahn–Blankenfelde im 20-Minuten-Takt befahren wird, wird durch den BAR unterfahren. Der BAR verläuft weiter in westlicher Richtung. Der Abzweig Genshagener Heide wird wie das Grünauer Kreuz und der Abzweig Glasower Damm von den Turmstellwerken der 50er Jahre beherrscht. Das Stellwerk leitet den Verkehr zwischen dem BAR und der Strecke nach Halle und Leipzig. Hier endete der Ausbau des Güteraußenringes in den 20er Jahren von Westen kommend, und hier begann der Ausbau des südlichen BAR um 1950. Denn der GAR endete hier, und über Verbindungskurven, de-

Zug der RB 11 Richtung Wannsee am Bahnhof Potsdam-Rehbrücke, 1993

Eingang zum S-Bahn- und Vorortbahnsteig Berlin-Lichtenberg, Ende der 60er Jahre
ZBDR

Empfangsgebäude Bf
Berlin-Lichtenberg, 1994

ren Baumassen zum Teil noch zu erkennen sind, wurde er in Richtung Berlin in die Anhalter Eisenbahn eingeführt.

Die Verbindung der Anhalter Bahn mit der Dresdener Eisenbahn erfolgte vom Bahnhof Teltow der Anhalter Bahn zum Bahnhof Lichtenrade der Dresdener Eisenbahn und von dort über Groß-Ziethen zum Bahnhof Schönefeld. Diese Streckenführung verlief zu einem großen Teil durch Berlin (West). Deshalb wurde sie durch eine Neubaustrecke zwischen Genshagener Heide und Schönefeld ersetzt. Für den Personenverkehr blieb der Abschnitt bis Groß-Ziethen eine Zeitlang in Betrieb.

Der nächste Schnittpunkt mit einer radialen Fernbahnstrecke nach Berlin ist am Turmbahnhof Bergholz. Hier wird die Berlin-Wetzlarer Eisenbahn zwischen Michendorf und Rehbrücke überquert. Wie überall auf dem BAR ist auch auf diesem Abschnitt der Verkehr zurückgegangen, weil es jetzt wieder möglich ist, die Fahrtziele auf direktem Weg durch Berlin hindurch zu erreichen. Neben Bergholz besteht auch in Hennigsdorf Nord eine Umsteigeanlage mit Turmbahnhof.

Am Abzweig Nesselgrund endet bzw. beginnt eine Verbindungskurve in Richtung Süden zum Rangierbahnhof Seddin. Der BAR überquert den Templiner See, um kurz darauf den heute als Potsdam-Pirschheide bezeichneten Bahnhof zu erreichen. Die Dammschüttung in den Templiner See war in den 50er Jahren eine ingenieurtechnische Meisterleistung, die auch entsprechend propagandistisch hervorgehoben wurde.

Der als Potsdam Süd in den 50er Jahren errichtete Bahnhof ist ein Turmbahnhof. Er gestattet das Umsteigen zwischen den Linien auf dem BAR und den Linien auf der eingleisigen Strecke von Potsdam Wildpark bzw. Potsdam Stadt in Richtung Beelitz Stadt.

Da der Verkehr zwischen Berlin (Ost) und Potsdam fast ausschließlich über den südlichen Berliner Außenring abgewickelt wurde, sind hierfür zwei Bahnsteige auf dem BAR errichtet und die Potsdamer Straßenbahn vom Luftschiffhafen bis hierher verlängert worden.

Nach Verlassen des Bahnhofs Potsdam-Pirschheide fährt die RB 22 über eine eingleisige Verbindungskurve auf die Berlin-Potsdam-Magdeburger Eisenbahn bis zu ihrem Endpunkt Werder (Havel). Hier endet auch der S-Bahn-Tarifbereich.

RB 24 Wünsdorf–Flughafen Berlin-Schönefeld–Berlin-Schöneweide

Die RB 24 beginnt am Bahnhof Berlin-Schöneweide und erreicht über das Grünauer Kreuz den südlichen Berliner Außenring. Nach Halt im Bahnhof Flughafen Berlin-Schönefeld und Weiterfahrt bis zum Abzweig Glasower Damm benutzt der Zug die Verbindungskurve zur Dresdener Strecke. Beim Halt in Blankenfelde besteht Anschluß zur S 2 in Richtung Berlin bis zum Nordbahnhof an der Invalidenstraße. Im weiteren Verlauf der Fahrt fällt auf, daß die Bahnsteige bis zum Bahnhof Rangsdorf höher als üblich sind. Wie schon beschrieben, verkehrte bis 1961 die S-Bahn im Gleichstrombetrieb bis nach Rangsdorf. Bei der Fahrt bis Zossen achte man auf die noch bestehenden Bahnhofsgebäude der ehemaligen Militäreisenbahn. Diese war eingleisig und lag zwischen Schöneberg und Zossen auf der westlichen Seite der Berlin-Dresdener Eisenbahn.

Ansicht des Bahnhofs Wandlitzsee vom Bahnhofsvorplatz aus, 1994

RB 25 Werneuchen–Ahrensfelde–Berlin-Lichtenberg
Die Züge der RB 25 verkehren auf der Nebenbahn nach Wriezen, die 1898 eröffnet wurde und ihren Endpunkt östlich der Oder in Königsberg Neumark (heute Chojna) hatte. Ausgangspunkt der Bahn war damals wie heute der Bahnhof Lichtenberg. Von 1910 an fuhren die Züge vom Wriezener Bahnsteig des Schlesischen Bahnhofs. Wie bereits bei der S 7 ausgeführt, ist die eingleisige Strecke zwischen Friedrichsfelde Ost über das Biesdorfer Kreuz dreigleisig ausgebaut worden. Zwei Gleise dienen dem mit Gleichstrom betriebenen S-Bahnbetrieb und ein Gleis der RB 25. Bis Wriezen gilt der Berliner Verkehrstarif. Die Anlagen der Strecke sind weitgehend im Originalzustand. Die Wälder von Tiefensee in Richtung Strausberg sind beliebte Wanderwege. Eine Fahrt entlang der Strecke bietet Fotomotive besonders von den Empfangsgebäuden.

RB 26 Strausberg–Berlin-Lichtenberg
Nur wenige Radialstrecken verlaufen auf direktem Weg von Berlin in Richtung ihres Zielpunktes. Die RB 26 gehört in diese Gruppe, die nicht einen Umweg über den BAR nehmen muß, um das Endziel zu erreichen.

Der Zug verläßt den Bahnhof Berlin-Lichtenberg und durchfährt das Biesdorfer Kreuz, das ebenso wie das Grünauer Kreuz großzügig ausgebaut ist. Nach dem ursprünglichen Projekt fehlen ihm noch einige Verbindungskurven, die wahrscheinlich aber nicht mehr nötig werden, weil u. a. der Rangierbahnhof Wuhlheide geschlossen worden ist. In schneller Fahrt geht es am Umsteigebahnhof Wuhletal, dem ersten gemeinsamen Bauwerk von S-Bahn und U-Bahn, und an den S-Bahnhöfen der Strecke nach Strausberg vorbei. Der nächste Halt ist bereits Strausberg, wo für den Zug der S-Bahn-Tarifbereich endet.

RB 27 Basdorf–Berlin-Karow
Die 1901 eröffnete Niederbarnimer Eisenbahn (im Volksmund als Heidekrautbahn bezeichnet) hatte damals ihren Endpunkt am Bahnhof Wilhelmsruh der Nordbahn nach Oranienburg und Stralsund/Rostock. Wegen der Grenznähe wurde er 1961 zunächst nach Berlin-Blankenburg und dann nach Berlin-Karow verlegt.

Die Züge benutzen von Berlin-Karow ab ein Gleis, das seit 1947 nördlich des Bahnhofs von den Ferngleisen abzweigt und in Nähe des Haltepunktes Schönwalde auf die alte Trasse der Niederbarnimer Eisenbahn stößt.

RB 31 Zossen–Flughafen Berlin-Schönefeld
Siehe RB 24.

RB 32 Ludwigsfelde–Teltow
Diese Strecke hat 1995 noch keine Verbindung nach Berlin. Hier, entlang der alten Strecke Berlin–Halle/Leipzig der Anhalter Bahn läßt der Lückenschluß noch auf sich warten. Erst mit der Fertigstellung des Nord-Süd-Eisenbahntunnels in Berlin wird der Wiederaufbau der vor 1939 wichtigsten Berliner Eisenbahnstrecke vollendet sein.

Im Bereich des Bahnhofs Großbeeren sind 1995 noch angeschüttete Bahndämme zu erkennen, die Zeugen für den Ausbau der Strecke Ende der 30er und Anfang der 40er Jahre sind. Ebenfalls sind noch Reste von Brückenwiderlagern für Eisenbahnstrecken zu erkennen.

Bahnhof Klosterfelde an der RB 27 mit einem Doppelstockzug in den Farben der Rostocker S-Bahn, 1994

Bahnhof Falkenhagen mit eingefahrener „Ferkeltaxe“, 1994

Gleisseite des Bahnhofs Falkenhagen, 1994

RB 33 Beelitz Stadt–Potsdam-Pirschheide–Potsdam Stadt

Die Strecke von Potsdam-Pirschheide nach Beelitz Stadt ist erst seit Frühjahr 1995 in den Berliner Verkehrstarif aufgenommen worden. Hinter der Station Charlottenhof verläßt der Zug die Berlin-Potsdam-Magdeburger Eisbahn und befährt die eingleisige Nebenbahn Richtung Süden. Am Turmbahnhof Potsdam-Pirschheide unterquert der Zug den BAR. Bis zum Mauerfall bestand hier ein Verkehrsanschluß für die Züge des Schnellverkehrs von Berlin-Karlshorst. Die Züge fuhren von Potsdam Stadt auf den S-Bahngleisen bis Babelsberg. Weiter ging es nicht, denn der nächste Bahnhof Griebnitzsee war Kontrollstation.

Der Zug fährt weiter durch eine sehenswerte märki-

R-Bahnhof mit einer Doppelstockeinheit aus zwei Wagen, aufgenommen Bahnhof Falkenhagen, 1994

sche Seenlandschaft. Erwähnenswert ist die große Brücke über den Schwielowsee bei Caputh. Bis zum Bau der Strecke des BAR durch den Templiner See fuhren die Züge von Saarmund über Michendorf, Seddin nach Potsdam Hbf und dann auf die Magdeburger Strecke.

RB 55 Velten (Mark)–Hennigsdorf

Nach dem Bau der Berliner Mauer wurden für einige Wochen die S-Bahnstrecken im Land Brandenburg, die an der Grenze zu Berlin (West) unterbrochen waren, mit einem Notbetrieb aufrechterhalten, der aber nach kurzer Zeit auch eingestellt wurde. Nicht so auf der verbliebenen Reststrecke der S-Bahnlinie nach Velten (Mark). Hier bestand bis Anfang der 80er Jahre ein Gleichstrombetrieb mit S-Bahnwagen, die zur Instandhaltung über den BAR mit Diesellokomotiven geschleppt und in der Triebwagenhalle Velten (Mark) gewartet wurden. Hier standen übrigens auch der Regierungstriebwagen und der Traditionspersonenzug der Deutschen Reichsbahn.

Mit der Elektrifizierung des BAR mit Wechselstrom 16 2/3 Hz und 15 kV wurde auch der Gleichstrombetrieb beendet. Einige Jahre (1957 bis 1983) waren der Bahnhof Hennigsdorf (b Bln) und der nordwestliche Teil des BAR mit Wechselstrom 50 Hz und 25 kV elektrifiziert. Der damalige Lokomotivbau-Elektrotechnische Werke „Hans Beimler" (heute AEG Hennigsdorf) benötigte eine Versuchsstrecke für die Erprobung von Lokomotiven für diese Stromart, weil ein Auftrag für den Bau in Aussicht stand. Die Anlage wurde abgebaut, und die Lokomotiven kamen zur Rübelandbahn im Harz.

Bis zum Umbau war der Bahnhof Hennigsdorf (b Bln) also mit zwei Stromsystemen ausgerüstet. Für Versuchszwecke ist das ehemalige zweite S-Bahngleis bis kurz vor dem Bahnhof Velten (Mark) wieder mit einer Stromschiene versehen worden.

Die nächste Station Hennigsdorf Nord dient dem Umsteigeverkehr zu den Zügen des nördlichen BAR, obwohl es auch Zugläufe mit einer Spitzkehrenfahrt über den Bahnhof Hennigsdorf gibt. Nur Bergholz und Hennigsdorf Nord besitzen eine direkte Umsteigemöglichkeit zwischen den Zügen über den BAR und auf den Radialstrecken. Verschiedene veröffentlichte Zukunftsmodelle gehen von der Annahme aus, weitere solcher Turmbahnhöfe zu errichten.

Der Bahnhof Velten (Mark) ist der Endpunkt für den S-Bahn-Tarifbereich. Hier endeten auch die Züge Nauen–Bötzow–Velten der Osthavelländischen Eisenbahn. Der Bahnsteig lag unmittelbar westlich im Bereich des Bahnhofs.

Zwischen Hennigsdorf (b Bln) und Oranienburg war seit 1994 ein DUO-S-Bahn-Zug im Einsatz. Es handelte sich dabei um einen durch die AEG Hennigsdorf mit einem Dieselmotor ausgerüsteten Halbzug der Baureihe 485. Der Zug fuhr, von dem Dieselmotor angetrieben, von Hennigsdorf (b Bln) über Hohen Neuendorf West zum Bahnhof Birkenwerder (b Bln) und von dort mit Gleichstrom auf den Gleisen der Berliner S-Bahn bis Oranienburg. Der Einsatz endete mit dem Fahrplanwechsel 1995/96.

Nebenbahnen ohne Personenverkehr

Neukölln-Mittenwalder Eisenbahn

Auf dem Gebiet von Berlin existiert die Neukölln-Mittenwalder Eisenbahn (NME) für den Güterverkehr. Für die

Bahnhof Ludwigsfelde an der Strecke nach Leipzig, 1993

Verladung von Stadtmüll nach Schöneicher Plan (südlich von Berlin an der Strecke Königs Wusterhausen–Mittenwalde–Zossen gelegen) beginnt sie wieder an Bedeutung über die Stadtgrenze hinaus zu gewinnen.

Der Personenverkehr ist seit der Abgrenzung von Berlin (West) zum Umland in den 50er Jahren unterbrochen. Der Bau des BAR und die Erweiterung des Flughafens Berlin-Schönefeld unterbrachen die Strecke ab Stadtgrenze bis nach Mittenwalde.

Einige Relikte dieser Bahn sind jedoch noch vorhanden. Südlich von Selchow existieren an noch nicht sanierten Straßenabschnitten Gleisreste sowie Bahnhofsgebäude wie der Bahnhof Mittenwalde.

Innerhalb von Berlin sind auf der Strecke Fahrten mit Traditionswagen unternommen worden.

Osthavelländische Eisenbahn

Auch diese Eisenbahn hat in Berlin noch Güterverkehr und Anschluß an den Bahnhof Spandau West. Die Anlagen im Land Brandenburg sind abgebaut worden. Reste sind noch vorhanden.

Interessant ist ein Kapitel aus der Berliner Verkehrsgeschichte. Die Straßenbahnlinie 120 benutzte zwischen Johannisstift, Papenberge und Nieder Neuendorf die Gleise der Osthavelländischen Eisenbahn. Diese Bahn verband seit 1923 mit Benzollokomotiven und ab 1929 mit elektrischen Straßenbahnwagen den Bezirk Spandau an der Hamburger Bahn und Hennigsdorf an der Kremmener Bahn und diente dem Arbeiterberufsverkehr von Spandau zu den AEG-Werken in Hennigsdorf.

Militäreisenbahn

Für die Ausbildung der Feldeisenbahner ist im Jahre 1875 parallel zur Berlin-Dresdener Eisenbahn eine eingleisige Strecke mit gebaut worden. Zunächst war sie nur für den internen Ausbildungsbetrieb gedacht. Später wurde auch Personenverkehr zugelassen. Die Abfertigung der Züge erfolgte durch Soldaten des Eisenbahnre-

giments, das seine Kasernen in Schöneberg in der Nähe der Station Papestraße hatte. Der Betrieb wurde nach 1918 eingestellt. Der Endpunkt in Berlin lag in der Nähe der Ring- und Vorortstation Papestraße.

5
Exponate des Schienenverkehrs im Museum für Verkehr und Technik

Sammlungen technischer Exponate haben in Berlin eine lange Tradition. Besonders das Verkehrswesen hatte hier eine herausragende Bedeutung. Erinnert sei an das Eisenbahn-Bau- und Betriebsmuseum im ehemaligen Hamburger Bahnhof und die Luftfahrttechnische Schau in der Straße Alt-Moabit. Für die musealen Belange der Verkehrsgeschichte ist heute das Museum für Verkehr und Technik zuständig. Daneben bemühen sich heute verstärkt Vereine um den Erhalt von Sachzeugen des Schienenverkehrs. Zum Teil betreiben sie eigene Eisenbahnen oder sie sind Förderer von Sammlungen bei den einzelnen Verkehrsbetrieben in und um Berlin.

Das 1906 im ehemaligen Hamburger Bahnhof errichtete Eisenbahn-Bau- und Betriebsmuseum war das Vorbild, als vor rund 20 Jahren der Förderverein für die Wiedererrichtung eines Verkehrsmuseums seine Arbeit aufnahm. Im Jahre 1982 waren seine Bemühungen von Erfolg gekrönt und der Senat beschloß die Errichtung des Museums für Verkehr und Technik.

Schienenfahrzeuge des MVT (eine Auswahl)

Kurzbezeichnung	Betriebsnummer	Baujahr	Hersteller, Ort	Spur (mm)	Bemerkungen
Schnellzuglok BR 01	01 173	1936	Henschel, Kassel	1435	
Schnellzuglok BR 01.1011	01.1082	1940	BMAG Wildau	1435	DB-Umbauzustand (mit Ölfeuerung)
Preußische S 10	17 008	1911	Schwartzkopff, Wildau	1435	auf Laufrollen, Kessel Teilschnitt
Borsig-Lok	BEUTH	1842	Borsig, Berlin	1435	Nachbau Borsig 1912
Preußische P 8	PKP Okl 296	1919	Schichau, Elbing	1435	früher DRG/DR 38 2425
Güterzuglok BR 50	50 001	1939	Henschel, Kassel	1435	teilw. Rückbau in Ablieferzustand
Kriegslok BR 52	52 4966	1944	MBA (vorm. O & K)	1435	
Schnellfahrlok	E 19 01	1938	AEG Berlin	1435	weitgehend im Ablieferzustand
Mehrzwecklok	E 44 131	1942	Henschel, Kassel SSW, Berlin	1435	
Diesellok V 180	180 075	1965	VEB “Karl Marx“ Babelsberg	1435	
Diesellok V 200	220 018-6	1957	MaK, Kiel	1435	mit Ersatzteilen neu aufgebaut

Im Jahre 1993 übernahm das Museum einen Teil der Sammlung der BVG. Die Exponate sind in einer restaurierten Schnelltriebwagenhalle (Baujahr 1939) südlich der Monumentenbrücke, die die Bahnanlagen der Anhalter und der Dresdener Eisenbahn im Zuge der Monumentenstraße überquert, untergebracht. Zur Sammlung gehört u. a. der vermutlich älteste Pferde-Eisenbahn-Decksitzwagen Europas aus dem Jahre 1865. Zur Zeit ist die Sammlung nicht ständig geöffnet..

6
Eisenbahn-Pilzkonzept der Zukunft

Der Gedanke, die Stadtbahn als einen langgestreckten Zentralbahnhof aufzufassen, hat sich glänzend bewährt. Schon zeitig wurde das Fehlen einer entsprechenden Nord-Süd-Verbindung empfunden. Der Wettbewerb Groß-Berlin von 1910 hat letztmalig in einem großen Umfang diese Nord-Süd-Trasse planerisch behandelt. Da aber die Trasse eine unterirdische sein mußte, eine Viaduktbahn schied wegen der fortgeschrittenen Bebauung aus, wurde auf den Fernbahnteil verzichtet, auch weil der Anteil der durch Berlin durchfahrenden Reisenden mit 10 bis 15 % als gering eingeschätzt wurde. Die Nord-Süd-Durchbindung mit einer Stadtschnellbahn wurde weiter verfolgt. 1923 und 1928 wurden zwei U-Bahnen eröffnet (Nord-Süd-Bahn, heute U 6, und Gesundbrunnen–Neukölln, heute U 8). Die Vorortstrecken der Berliner S-Bahn wurden 1939 und 1940 durch die Nord-Süd-S-Bahn miteinander verbunden.

Der Name Pilzkonzept rührt von der Form der neuen Führung des Nord-Süd-Regional- und Fernverkehrs her. Den Stiel bildet eine Nord-Süd-Verbindung zwischen dem Nordring zwischen den S-Bahnhöfen Wedding und Westhafen und dem Bahnhof Papestraße auf dem Südring. Den Kopf des Pilzes bilden die mit Wechselstrom zu elektrifizierenden Fern- und Regionalbahnstrecken zwischen Jungfernheide und Gesundbrunnen (Nordkreuz). Der Stiel unterquert mit einem viergleisigen Tunnel zwischen dem Kreuzungspunkt mit der Stadtbahn am Lehrter Bahnhof, der das Zentrum des Eisenbahnverkehrs bilden wird, und den Bahnanlagen südlich des Landwehrkanals. Bahnhöfe entstehen in den Schnittpunkten Nordring, das entspricht einer Reaktivierung des Fernbahnhofs Gesundbrunnen des Lehrter Bahnhofs in neuer Form, und am Südring als Neubau des Bahnhofs Papestraße. Der Potsdamer Platz erhält einen Bahnhof für den Regionalverkehr mit zwei Bahnsteigen.

Mit diesem Konzept sind verschiedene Zugläufe im Fernverkehr möglich. Ein EC z. B. fährt von Hamburg kommend über die Stadtbahn nach Osten in Richtung Polen. Ein ICE von Hamburg nach Dresden könnte den Weg von Spandau über den Nord-Süd-Tunnel direkt in die Dresdener Strecke nehmen.

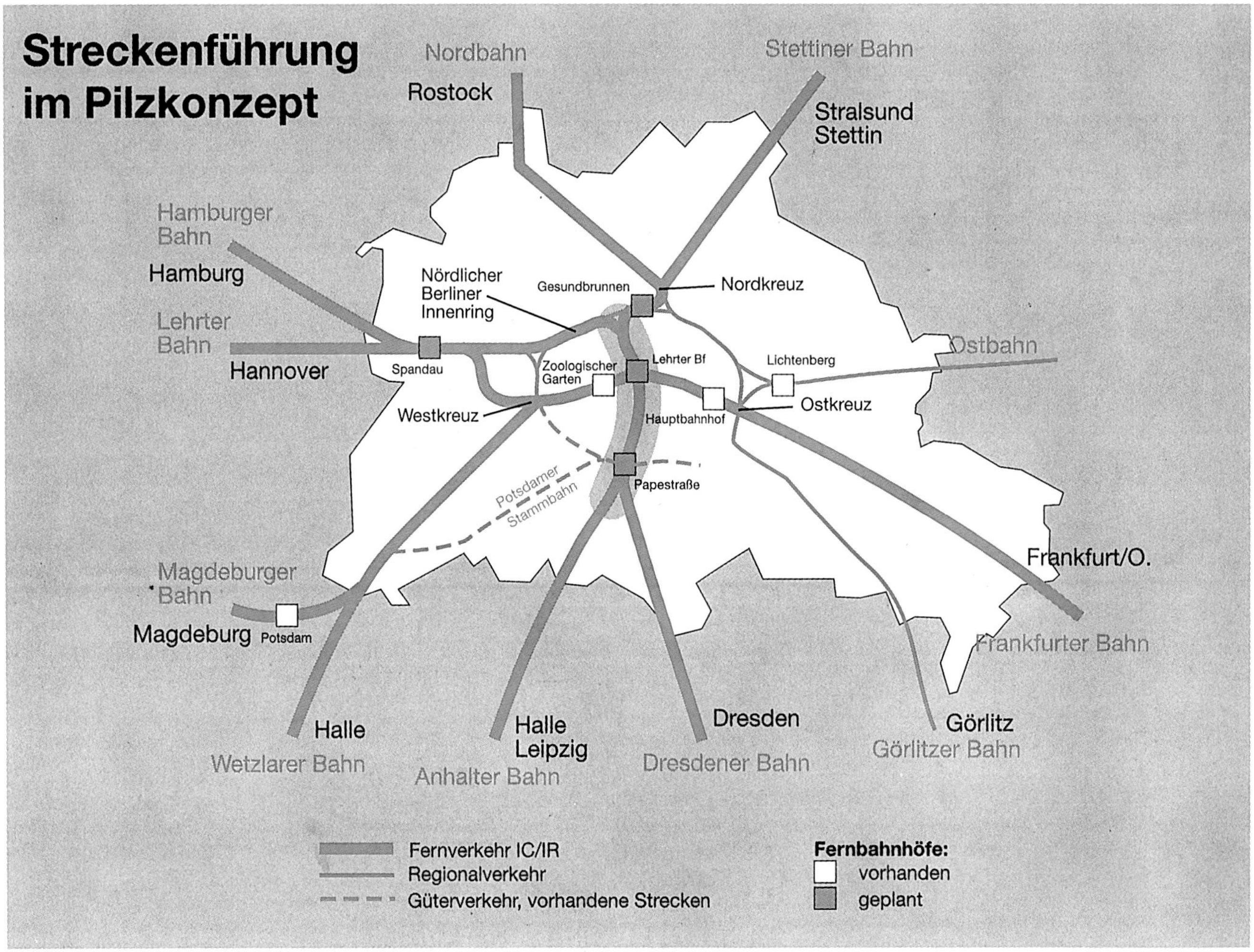

Streckenführung im Pilzkonzept

Geplante Verkehrsbauten, Stand 1994

Nördlicher Berliner Innenring
Fern- und Regionalbahn
Bf Turmstraße
Bf Alt Moabit
Lehrter Bahnhof
U-Bahn U5
Zukünftiges Regierungsviertel
MITTE
Richtung Alexanderplatz
Bf Reichstag
Bf Staatsoper
Bf Unter den Linden
Bf Friedrichstraße
Straßentunnel Tiergarten
Bf Potsdamer Platz
Bebauungsgebiet Potsdamer Platz/ Leipziger Platz
S-Bahn S 21
Bf Gleisdreieck
Bf Yorckstraße (Großgörschenstraße)
Bf Yorckstraße
Regionalbahn
Fern- und Regionalbahn
Legende
Fern- und Regionalbahn
S-Bahn
U-Bahn
Straßentunnel Tiergarten
Anschlußstrecken S-Bahn (vorhanden)
Fern- und Regionalbahn Planungsbereich Nördlicher Innenring
Anschlußstrecke Regionalbahn (vorhanden)
Bf Papestraße
Richtung Lichtenrade/ Lichterfelde Ost

7 Fotostandorte

Aus der Vielzahl möglicher Fotostandorte – man denke lediglich an die Empfangsgebäude der Fernbahnhöfe, der S-Bahnhöfe, aber auch einiger U-Bahnhöfe – seien folgende hervorgehoben, wobei insbesondere empfohlen wird, Brücken zu benutzen, die über Bahnanlagen führen:

- auf der Ringbahn: Schönhauser Allee, Prenzlauer Allee, Landsberger Allee, Eldenaer Straße, Ostkreuz, Hermannstraße Halensee, Witzleben, Westend.
- auf der Stadtbahn: Modersohnbrücke und Warschauer Straße mit Blick auf das östliche Vorfeld des Hauptbahnhofs,
- nach Schönefeld: Waltersdorfer Chaussee mit Blick auf den Bahnhof Flughafen Berlin-Schönefeld,
- auf der Wannseebahn: Botanischer Garten
- auf der Nordbahn: Frohnau, Birkenwerder (b. Bln),
- nach Ahrensfelde: Springpfuhl, Marzahn,
- Badstraße/Brunnenstraße, Behmstraße, Bösebrücke mit Blick auf das im Entstehen begriffene Nordkreuz,
- Monumentenbrücke mit Blick auf die Anlagen der Dresdener und der Anhalter Bahn.

Literaturverzeichnis

Bauer, Gerhard u.a.: Straßenbahn-Archiv 5, Berlin und Umgebung, transpress Verlag Berlin 1987

Berlin Handbuch, Lexikon der Bundeshauptstadt, FAB Verlag Berlin 1992

Berlin und seine Bauten, Teil X Band B, Anlagen und Bauten für den Verkehr, (1) Städtischer Nahverkehr, (2) Fernverkehr, Verlag von Wilhelm Ernst & Sohn Berlin/München/Düsseldorf 1979

Berlin und seine Eisenbahnen, Springer Verlag Berlin 1896

Bley, Peter: 150 Jahre Eisenbahn Berlin – Potsdam, Alba Publikation Düsseldorf 1988

Bley, Peter: 150 Jahre Berlin-Anhaltische Eisenbahn, Alba Publikation Düsseldorf 1990

Bley, Peter: 150 Jahre Eisenbahn Berlin – Frankfurt/Oder, Alba Publikation Düsseldorf 1992

Bley, Peter: Berliner S-Bahn, 6. Auflage, Alba Publikation Düsseldorf 1993

Bohle-Heintzenberg, Sabine: Architektur der Berliner Hoch- und Untergrundbahn, Verlag Willmuth Arenhövel Berlin 1980

Bousset,Johannes: Die Berliner U-Bahn, Berlin 1935

BVB Berliner Verkehrsblätter

Demps, Laurenz: Der Schlesische Bahnhof, transpress Verlag Berlin 1991

Hundert Jahre deutsche Eisenbahnen, herausgegeben von der Hauptverwaltung der Deutschen Reichsbahn, Berlin 1935

Das deutsche Eisenbahnwesen der Gegenwart, Band I und II, von Reimar Hobbing in Berlin 1911

Dominik, Emil: Quer durch und ringsum Berlin, Reprint der Originalausgabe, Zentralantiquariat Leiptig 1988

70 Jahre elektrisch – Zur Entwicklung der Berliner S-Bahn, Signal Sonderausgabe, Berlin 1994

Fürst, Artur: Das Weltreich der Technik, Band 2 Ullstein Verlag Berlin 1924

Gottwaldt, Alfred: Züge, Loks und Leute, Eisenbahngeschichte in 33 Stationen, Schriftenreihe des Museums für Verkehr und Technik Berlin, Band 11

Götz, Günter: u.a.: Die Berliner S-Bahn, transpress Verlag Berlin 1963

Hilkenbach, Sigurd und Kramer, Wolfgang: Die Berliner Straßenbahnen, 2. Auflage, Alba Publikation Düsseldorf 1992

Vom Knüppeldamm zum Hauptbahnhof, Zentrales Forschungsinstitut des Verkehrswesen, Berlin 1987

Lemke Ulrich und Poppel, Uwe: Berliner U-Bahn, Alba Publikation Düsseldorf 1989

Nord-Süd-Bahn – Vom Gütertunnel zur City-S-Bahn, Signal Sonderausgabe, Berli 1992

Die Reise nach Berlin, Ausstellung im Hamburger Bahnhof, Siedler Berlin 1987

75 Jahre Straßenbahn in Berlin, Berliner Verkehrs-Betriebe (BVG), Juni 1940

Strecke ohne Ende – Die Berliner Ringbahn, Signal Sonderausgabe, Berlin 1993

Verkehrsgeschichtliche Blätter (VB)

Wir schreiben über mehr als Dampf!

Spannende Abenteuer mit der Eisenbahn, computergesteuerte Modellbahn-Tests, originelle Werkstatt-Tips, einmalige Fotos, Geschichten von Menschen und Maschinen – bei uns finden Sie alles, was Modell und Vorbild an Faszination bieten.

Bilden Sie sich bitte selbst ein Urteil. Wir schicken Ihnen umgehend ein Probeheft. Das verpflichtet zu nichts und kostet nichts (außer Porto für die Postkarte oder die Telefon- bzw. Faxgebühr).

Also gleich anfordern.

MODELLEISENBAHNER
Pietsch + Scholten Verlag
Postfach 10 37 43, D-70032 Stuttgart
Olgastraße 86, D-70180 Stuttgart
Telefon (07 11) 2 10 80 78
Fax (07 11) 2 36 04 15 oder (07 11) 2 10 80 82